纺织服装高等教育"十三五"部委级规划教材

时装画手绘快速表现技法

U0163255

陆敏 著

東華大學 出 版 社

·上海·

图书在版编目（CIP）数据

时装画手绘快速表现技法 / 陆敏著. — 上海：东华大学出版社, 2020.8

ISBN 978-7-5669-1741-6

Ⅰ. ①时… Ⅱ. ①陆… Ⅲ. ①时装－绘画技法 Ⅳ. ①TS941.28

中国版本图书馆CIP数据核字(2020)第078522号

责任编辑 徐建红
封面设计 贝 塔

时装画手绘快速表现技法

SHIZHUANGHUA SHOUHUI KUAISU BIAOXIAN JIFA

陆 敏 著

出　　版：东华大学出版社（地址：上海市延安西路1882号　邮编：200051）
本 社 网 址：http://dhupress.dhu.edu.cn
天猫旗舰店：http://dhdx.tmall.com
销 售 中 心：021-62193056 62373056 62379558
印　　刷：上海盛通时代印刷有限公司
开　　本：889mm × 1194mm 1/16
印　　张：9
字　　数：310 千字
版　　次：2020年8月第1版
印　　次：2020年8月第1次印刷
书　　号：ISBN 978-7-5669-1741-6
定　　价：59.00 元

加入时装画 QQ 群
免费获取人体模型

目录

视频文件目录

第一章 人体的画法 1

一、人体各部位的定位 2

二、正面姿态的画法 4

三、走姿的画法 6

四、头部的画法 7

五、手的画法 8

六、脚的画法 8

第二章 着装动态的画法 9

一、上装动态的画法 10

二、下装动态的画法 13

第三章 服装装饰细节的画法 22

一、省道的画法 23

二、开刀的画法 26

三、抽褶的画法 29

四、松紧带的画法 36

五、抽绳的画法 41

六、蝴蝶结的画法 43

七、束腰的画法 45

八、荷叶边的画法 47

九、压褶的画法 57

第四章 服装造型的画法 63

一、上装造型的画法 64

二、下装造型的画法 76

第五章 服装款式的画法 89

一、衬衣的画法 90

二、连衣裙的画法 92
三、卫衣的画法 96
四、外套的画法 98
五、针织服装的画法 112
六、立裁服装的画法 119
七、礼服的画法 127

第六章 材质的画法 130
一、蕾丝、网纱的画法 131
二、皮草的画法 135

第七章 服饰品的画法 138
一、帽子的画法 139
二、围巾的画法 140
三、包袋的画法 140

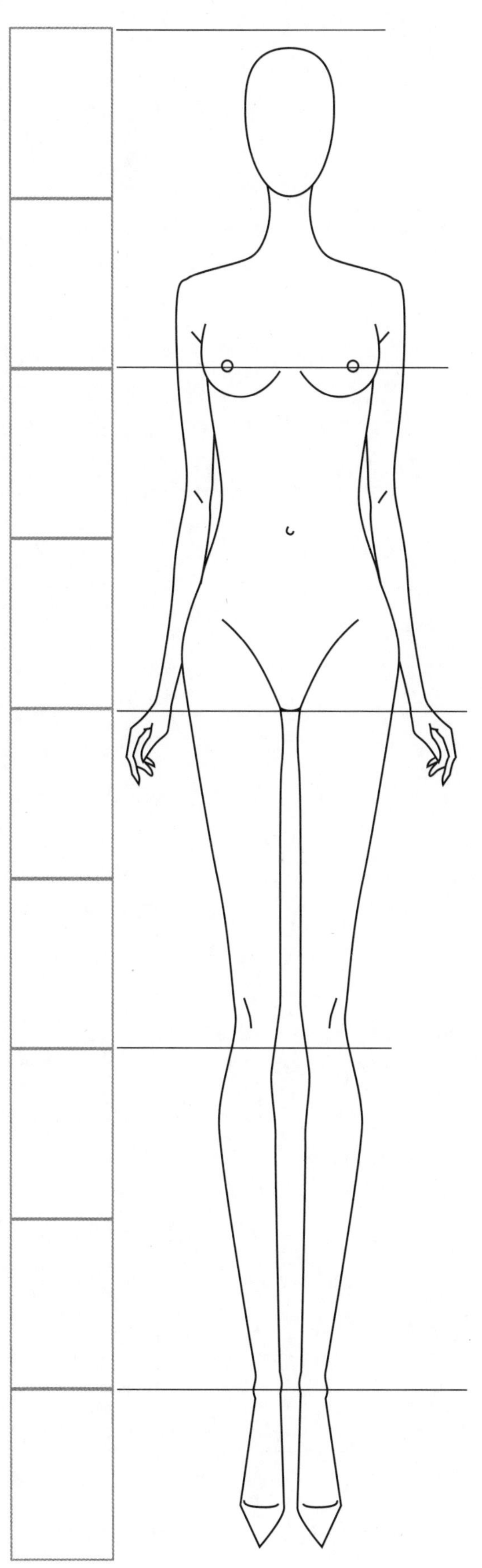

第一章

人体的画法

一、 人体各部位的定位

在头顶和脚踝之间，依次分出 8 个头位。

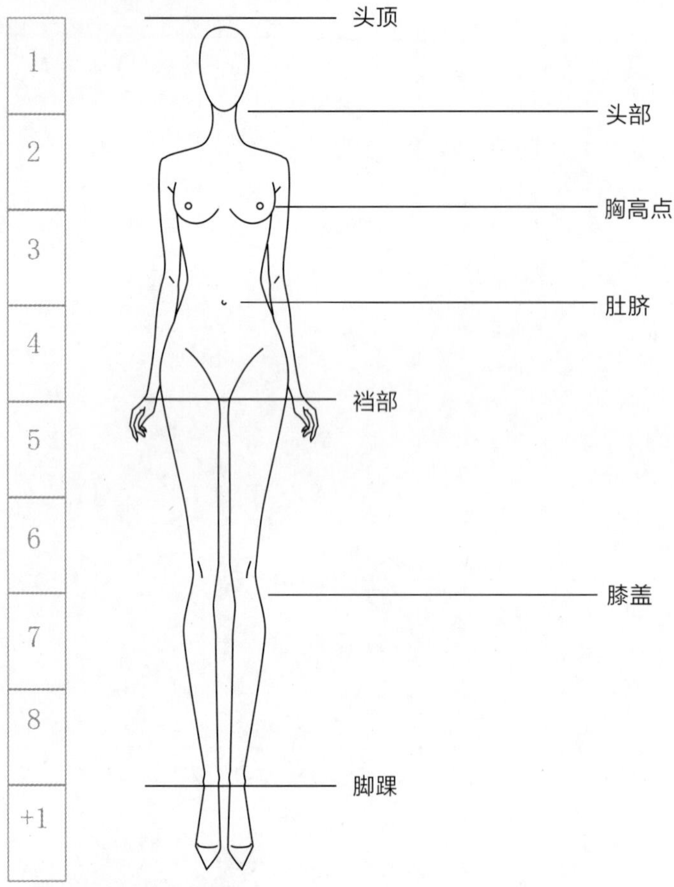
1
2
3
4
5
6
7
8
+1
头顶
头部
胸高点
肚脐
裆部
膝盖
脚踝

1. 确定各部位定位

（1）头位定位

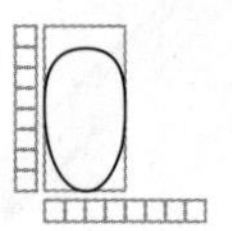

将头长 8 等分，脸部宽为 4 份，顶部留出 1 份为头发

（2） 上身框架定位：

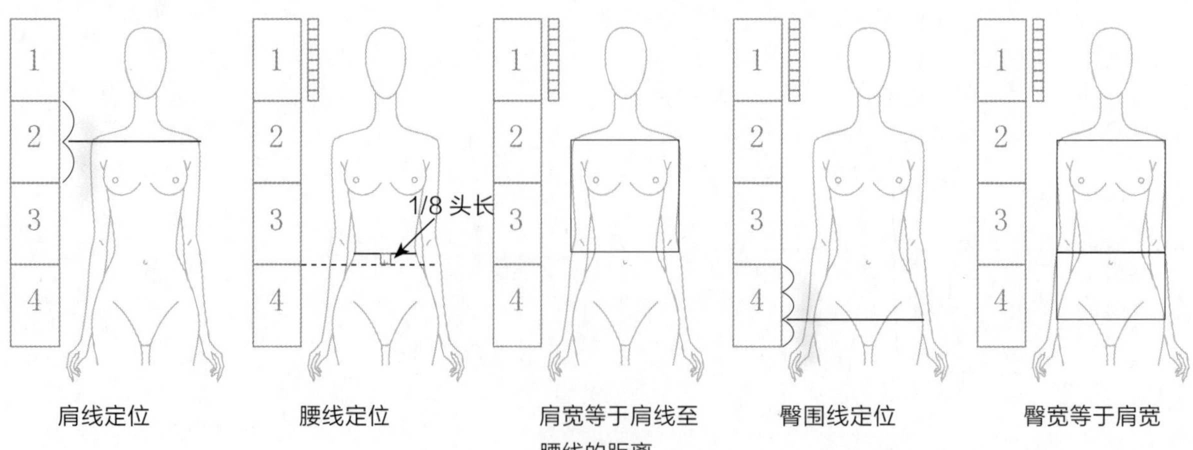
1/8 头长

肩线定位　　腰线定位　　肩宽等于肩线至腰线的距离　　臀围线定位　　臀宽等于肩宽

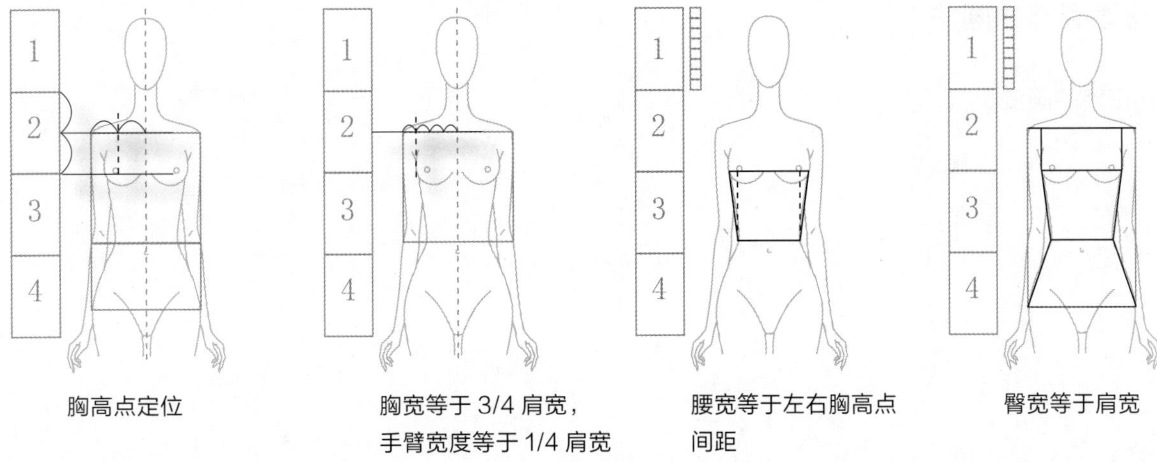
1
2
3
4
1
2
3
4
1
2
3
4
1
2
3
4

胸高点定位　　胸宽等于 3/4 肩宽，手臂宽度等于 1/4 肩宽　　腰宽等于左右胸高点间距　　臀宽等于肩宽

（3）手臂定位

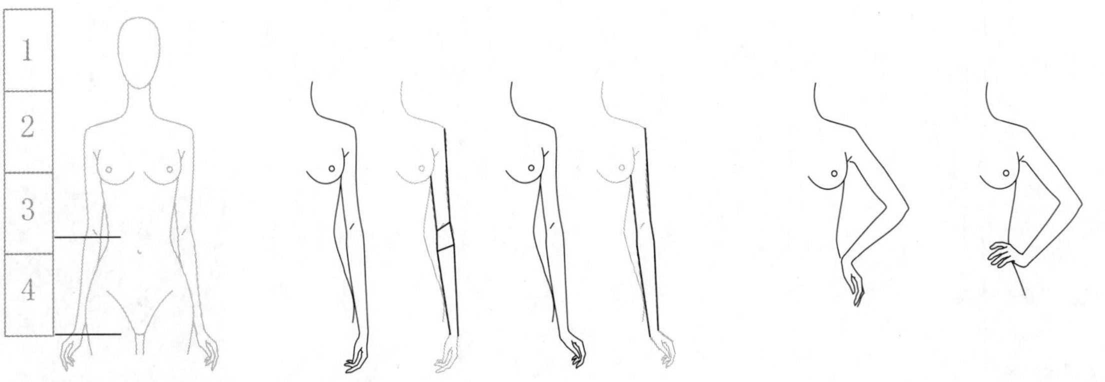
1
2
3
4

肘部同腰线平齐，手腕同裆部平齐　　叉腰时，肘部抬高

（4）腿部架构

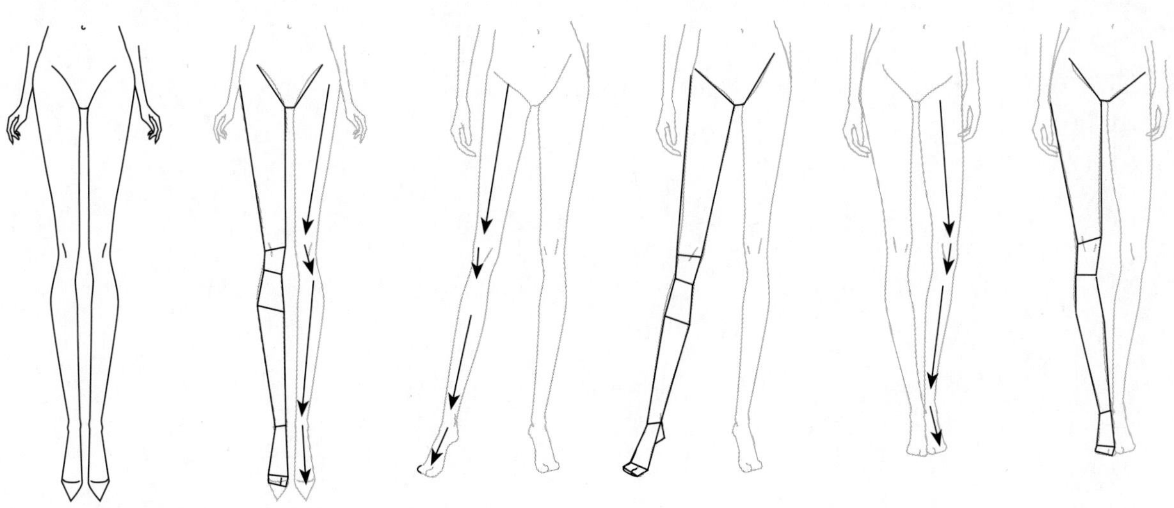

把握方向变化

二、 正面姿态的画法

1. 正面正姿的画法

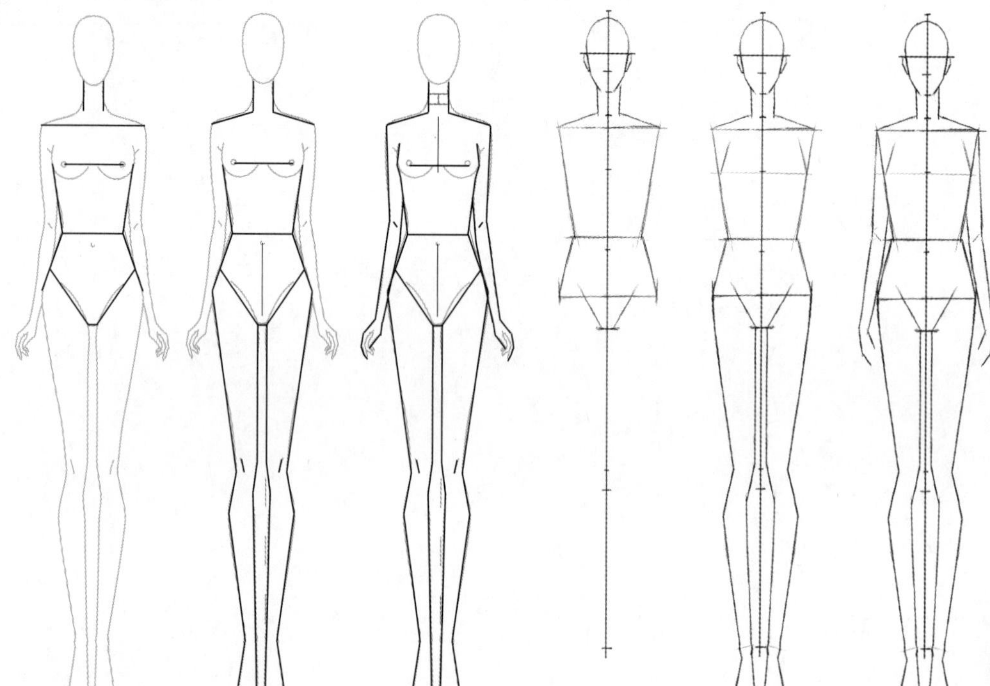

以直线方式来定位姿态框架

正面姿态的画法

2. 正面斜姿的画法

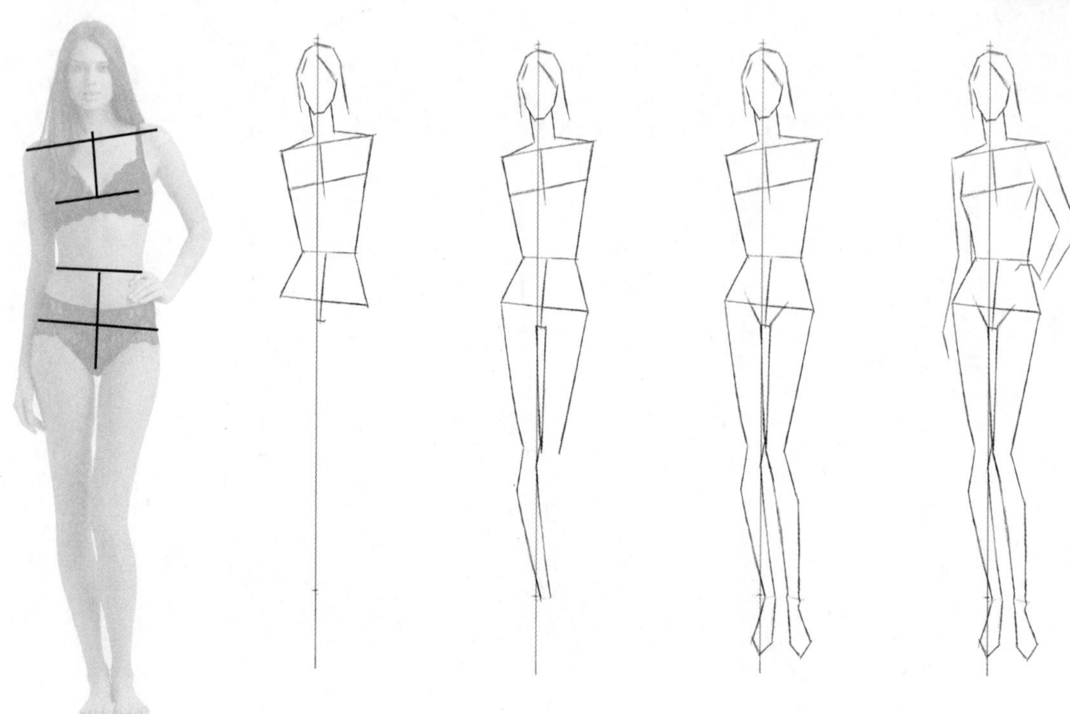

肩线与臀围线的关系

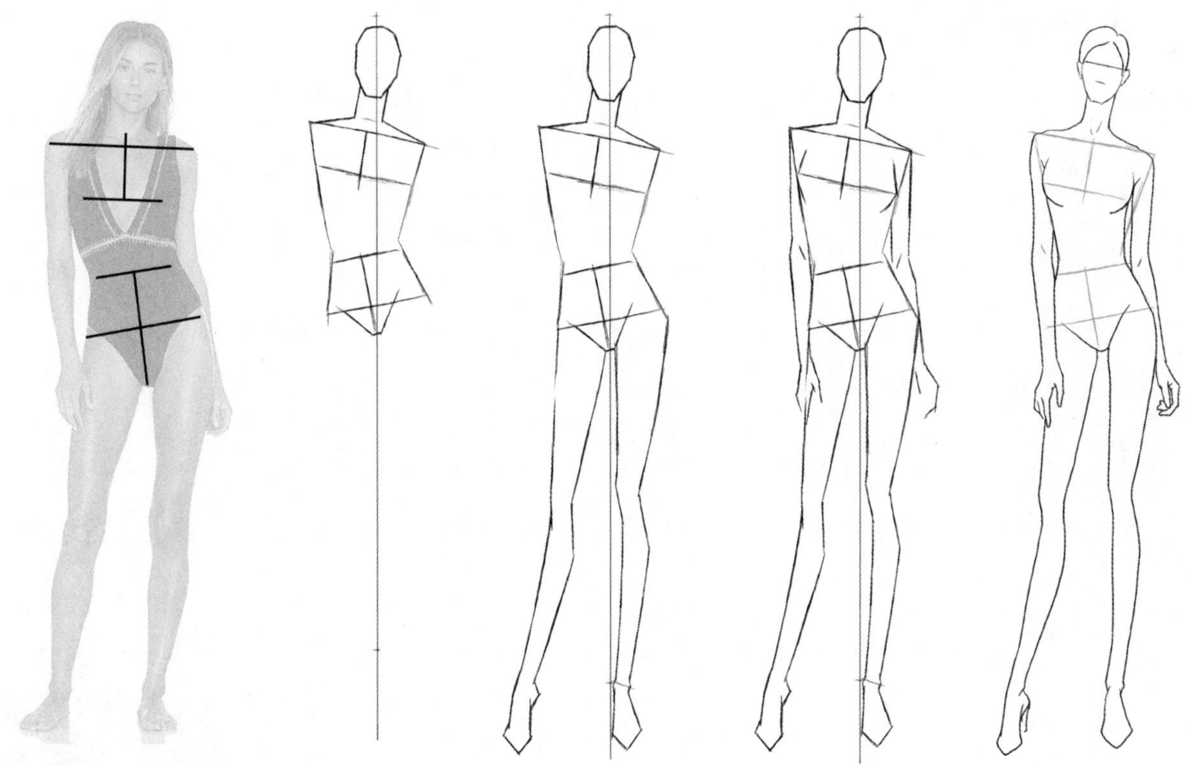

脚伸展出去时的臀围线与腰围线

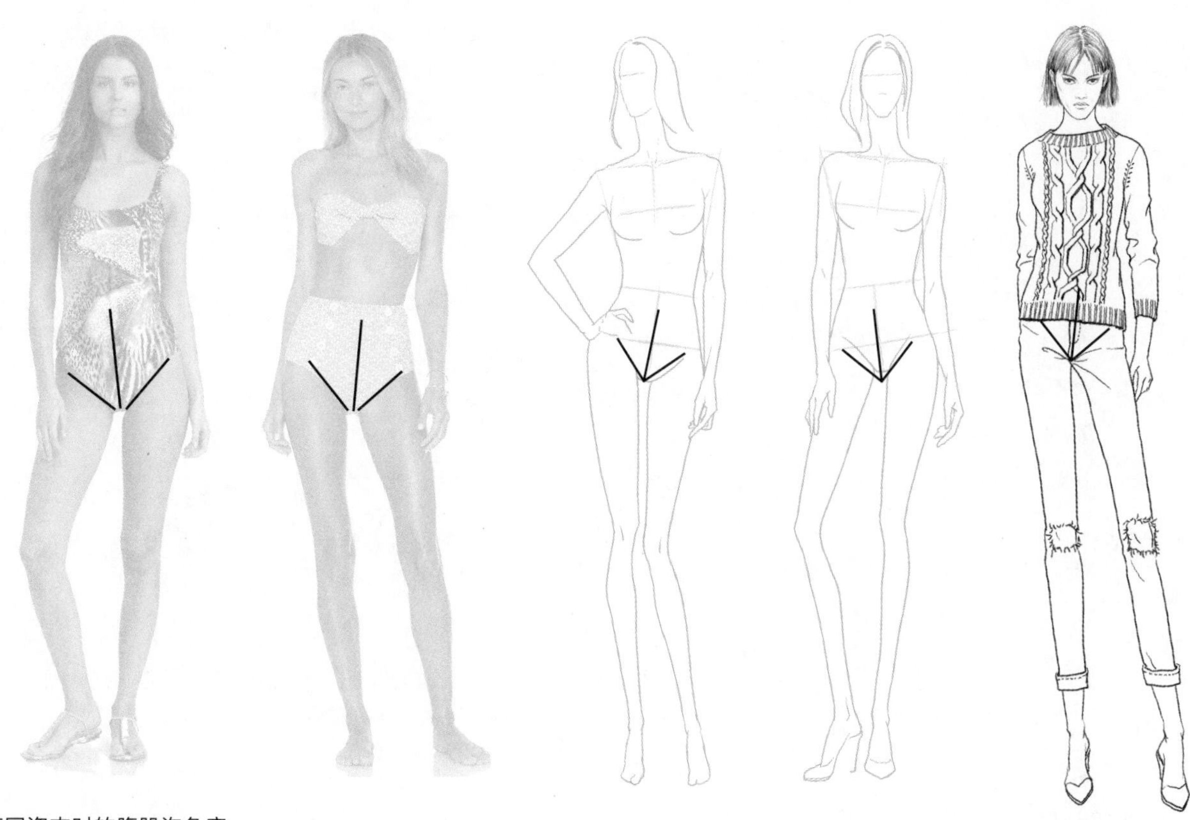

不同姿态时的腹股沟角度

三、走姿的画法

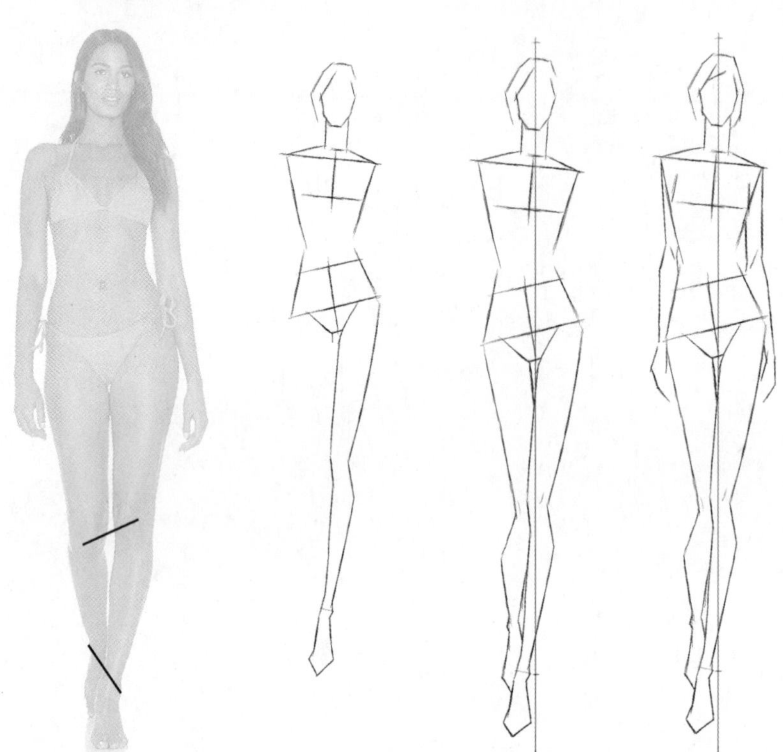

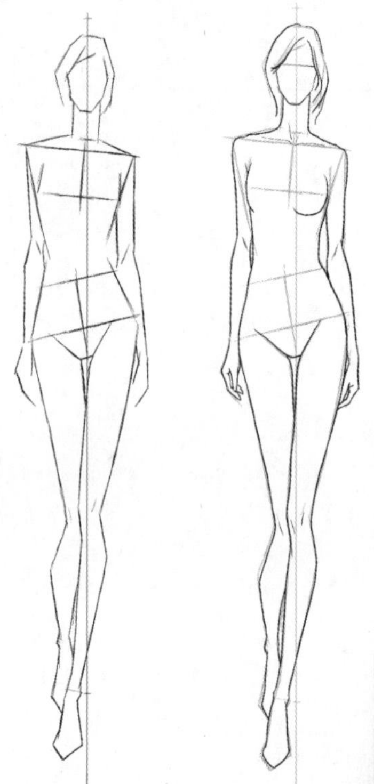

走姿的画法

走姿时的两膝盖连线和脚踝连线

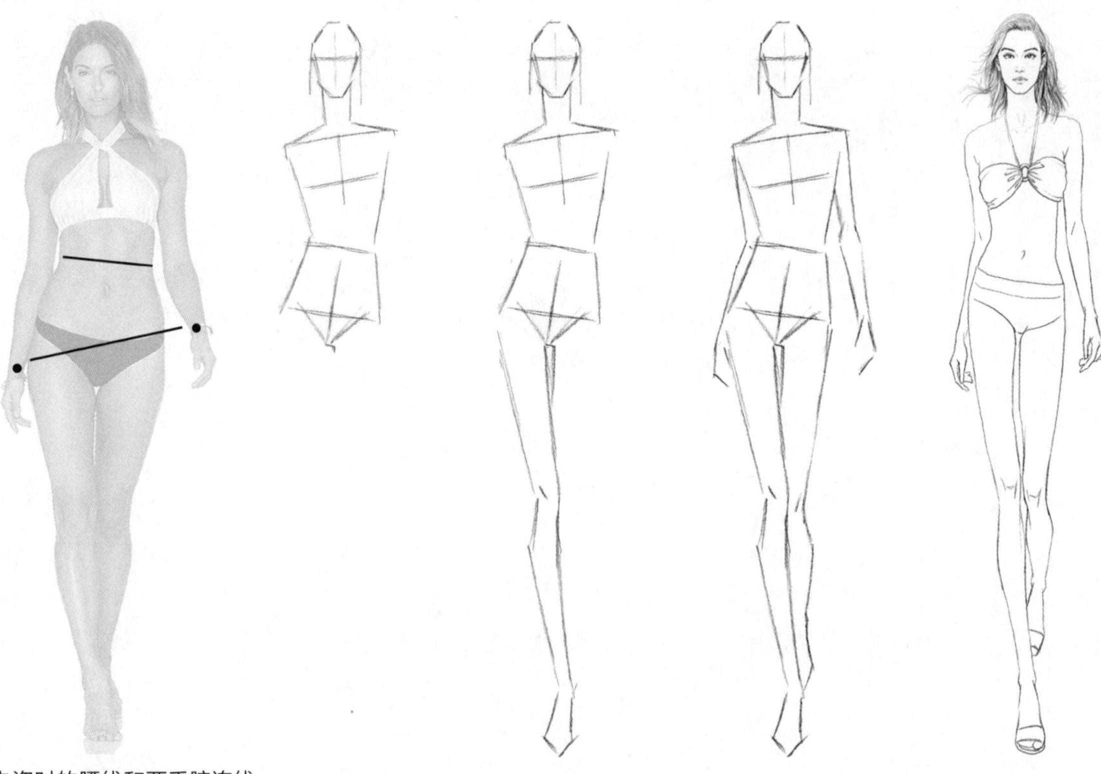

走姿时的腰线和两手腕连线

四、头部的画法

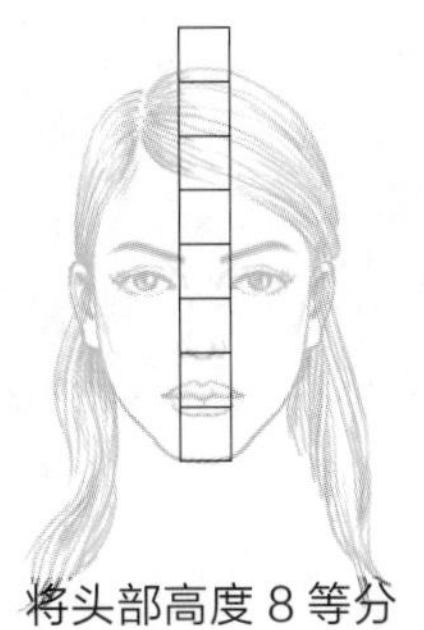

将头部高度 8 等分

将头部宽度 5 等分

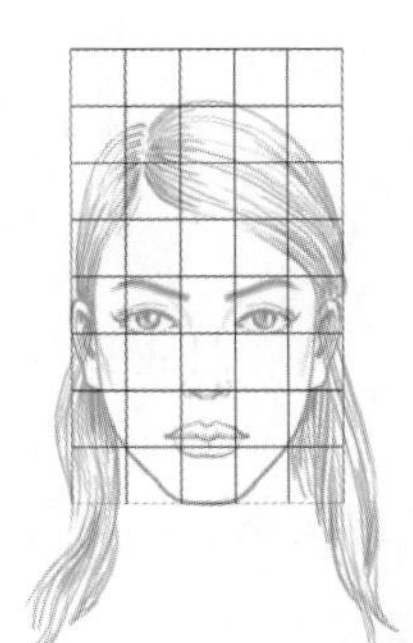

头部的画法

1. 脸正面定位步骤

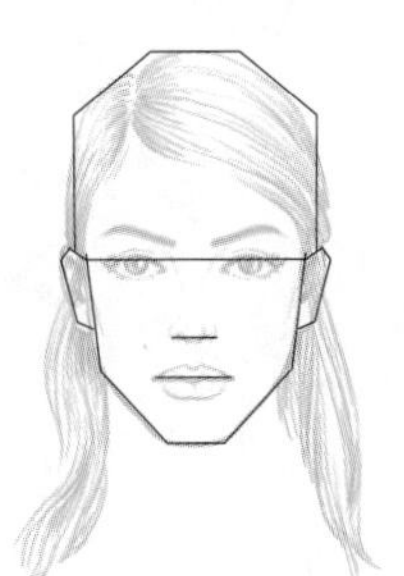

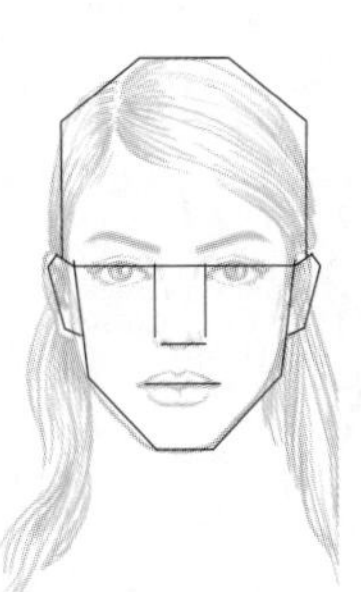

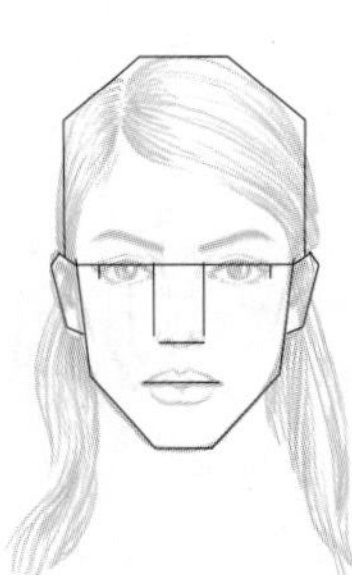

2. 脸侧面定位步骤

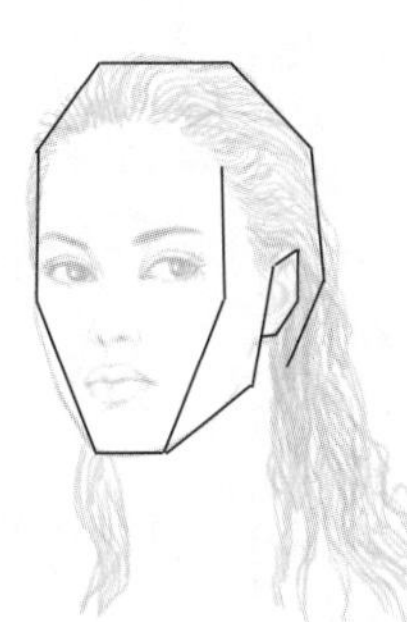

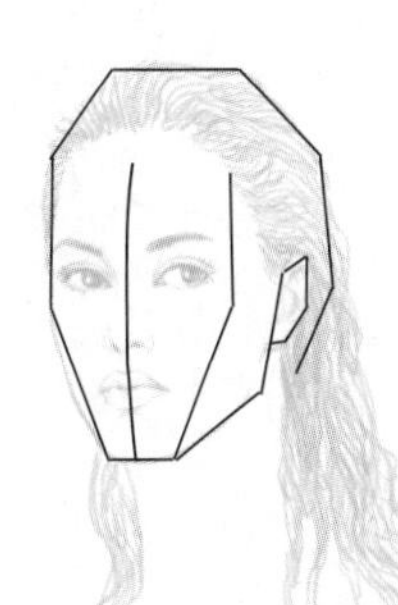

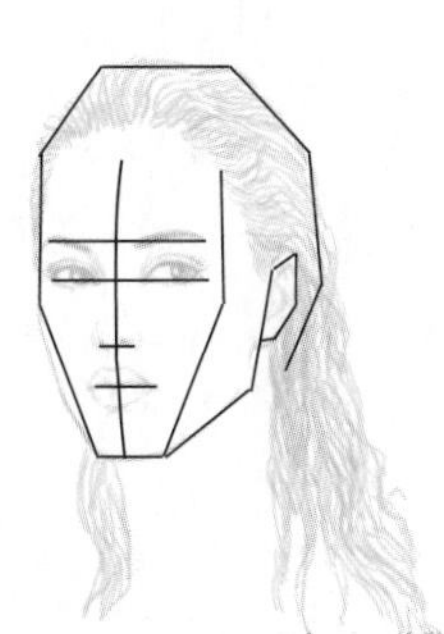

3. 头发的画法

头发高光部位呈弧形

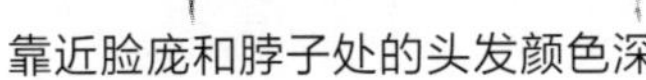

靠近脸庞和脖子处的头发颜色深

在头发分头路处，留少许白色

五、手的画法

1. 手的绘制步骤

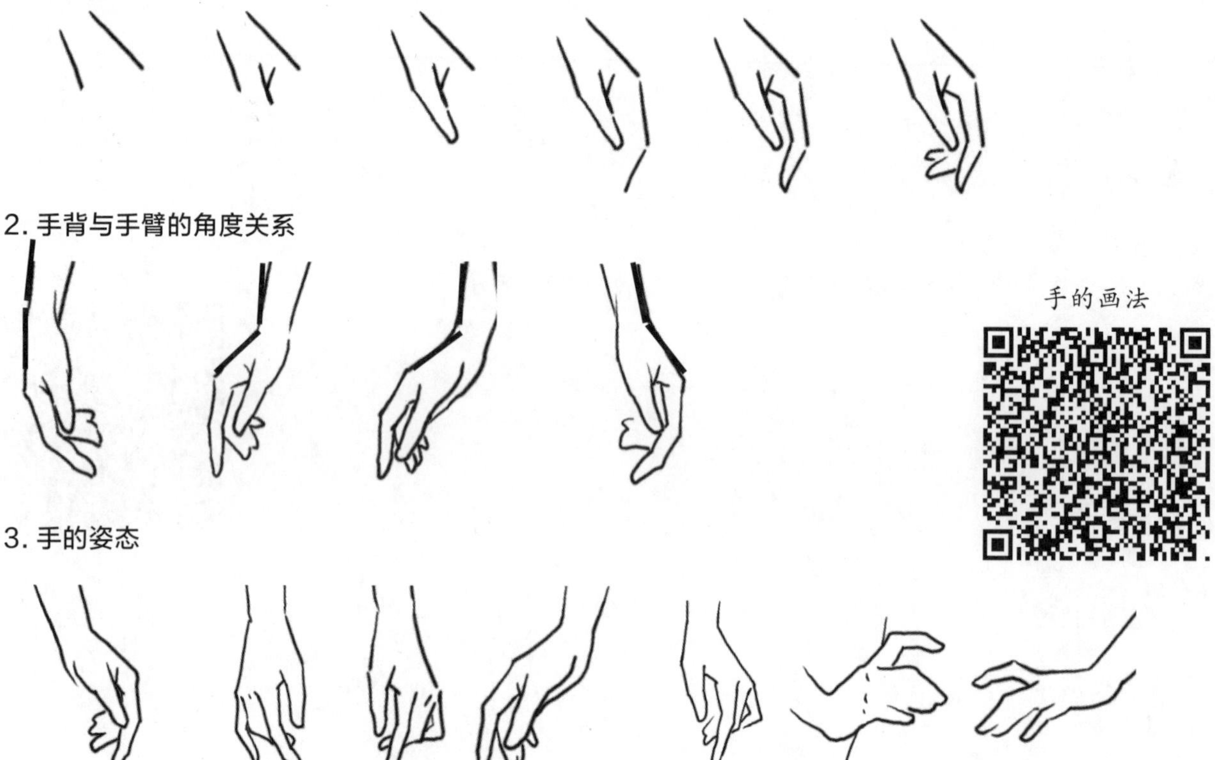
手的画法

2. 手背与手臂的角度关系

3. 手的姿态

六、脚的画法

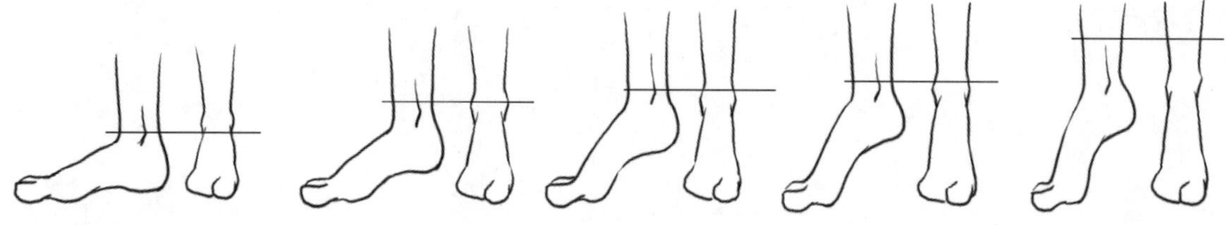

鞋跟越高，脚踝离地面距离越大

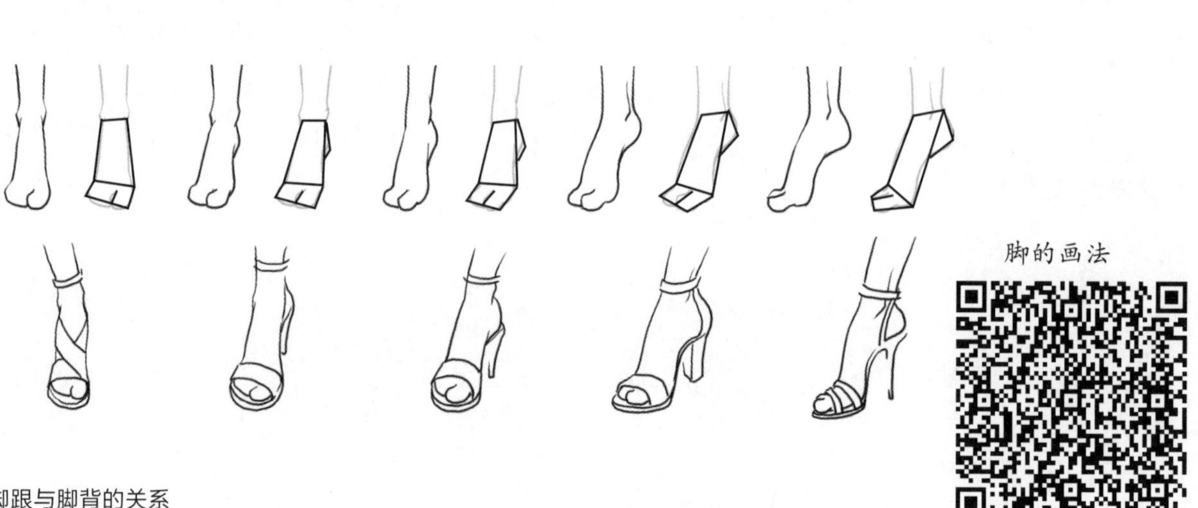
脚的画法

脚跟与脚背的关系

第二章

着装动态的画法

一、上装动态的画法

1. 站姿时宽松上装胸部褶皱的画法

褶皱线类似“八”的行楷字体，且头部带弯勾

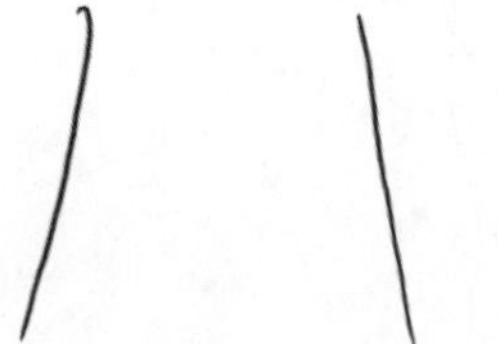

褶皱线画在胸高点的下面

上装动态的画法 1

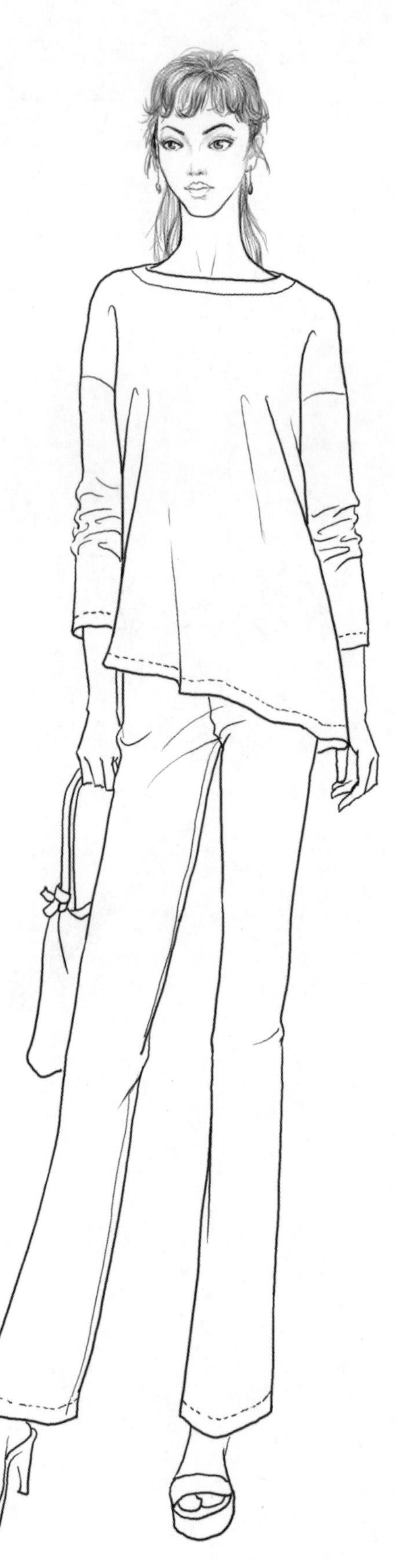

2. 站姿时弹力面料紧身上装胸部褶皱的画法

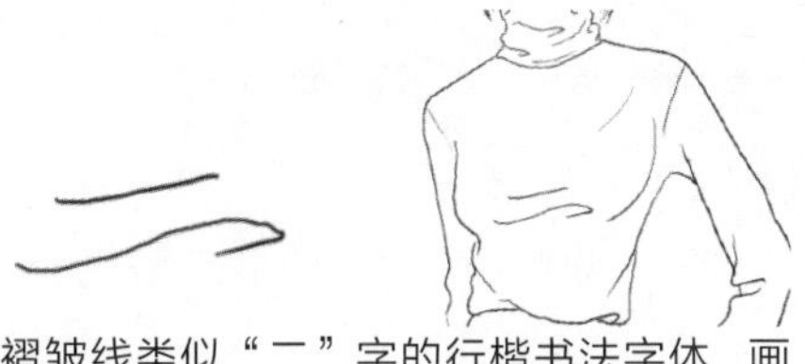

褶皱线类似“二”字的行楷书法字体，画在胸高点的下面

褶皱线类似“一”字的行楷书法字体，画在胸高点的下面

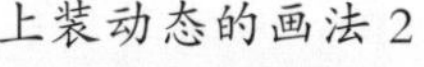

上装动态的画法 2

3. 走姿时上装褶皱的画法

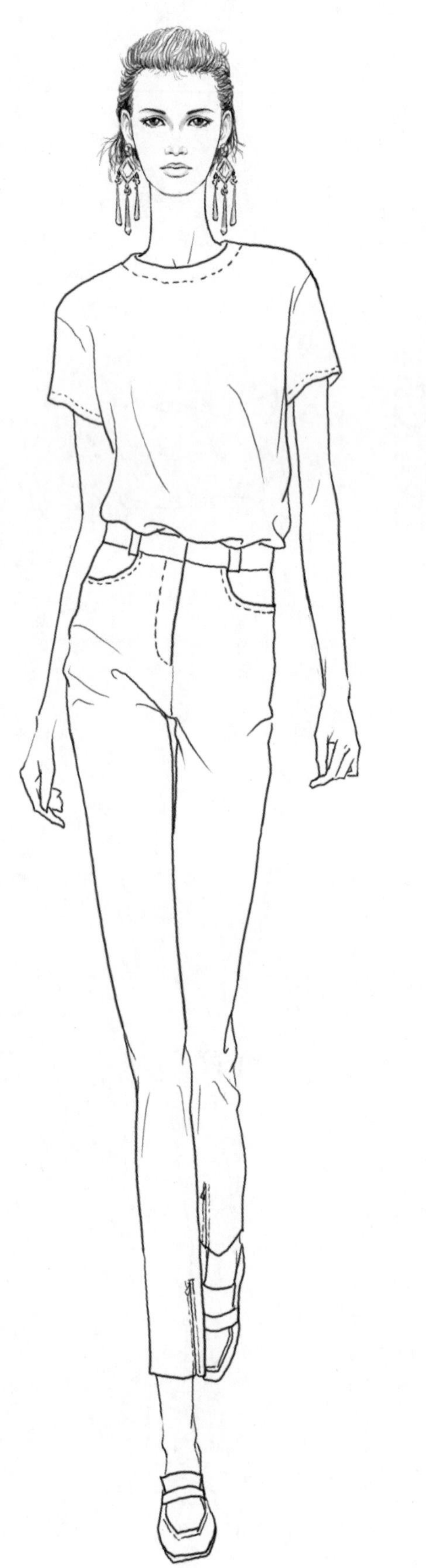

褶皱线不过胸高点
褶皱线形成拉扯的动态线

二、下装动态的画法

1. 站姿时裙子褶皱的画法

褶皱线不超过两侧大腿的中心线
褶皱线指向前伸的膝盖

2. 走姿时裙子褶皱的画法

一侧画褶皱线，另一侧不画褶皱线

下装动态的画法 1

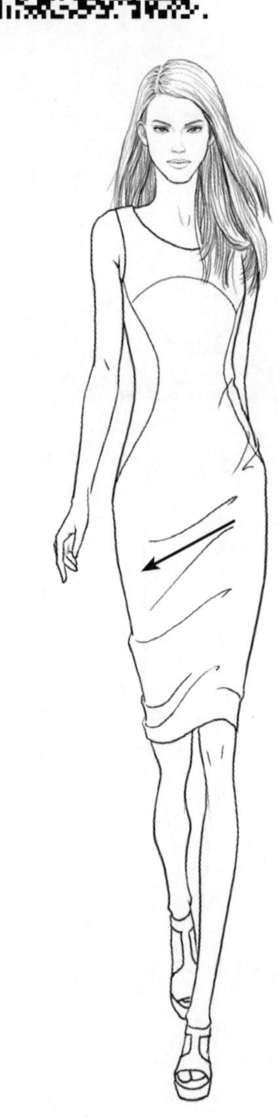

3. 裙子膝盖处褶皱的画法

褶皱动态线不过膝盖　褶皱动态线指向膝盖

下装动态的画法 2

4. 裤子膝盖处褶皱的画法

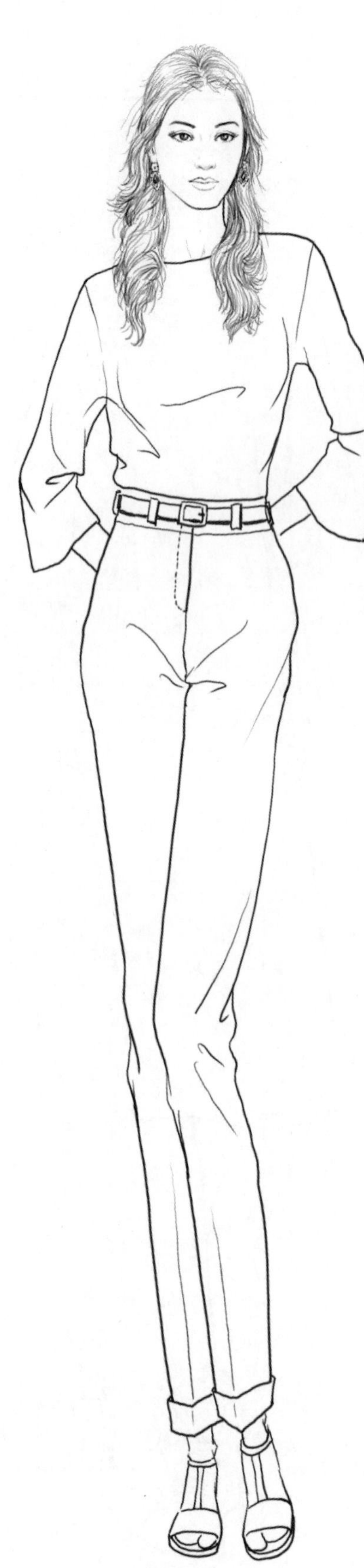

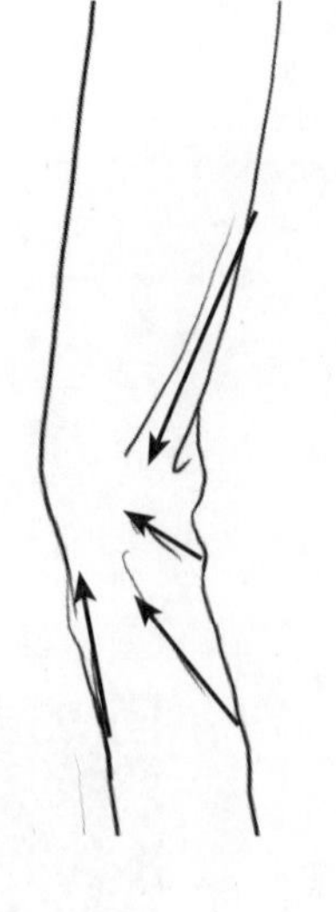

下装动态的画法 3

5. 站姿时裤子裆部褶皱的画法

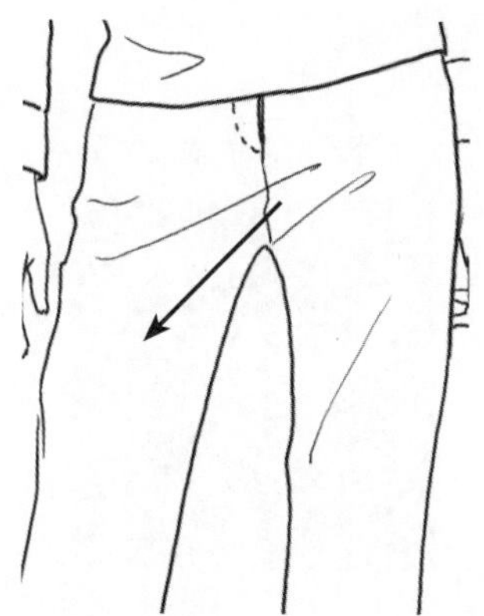

斜姿时，裆部的动态发射线指向伸出去的腿

下装动态的画法 4

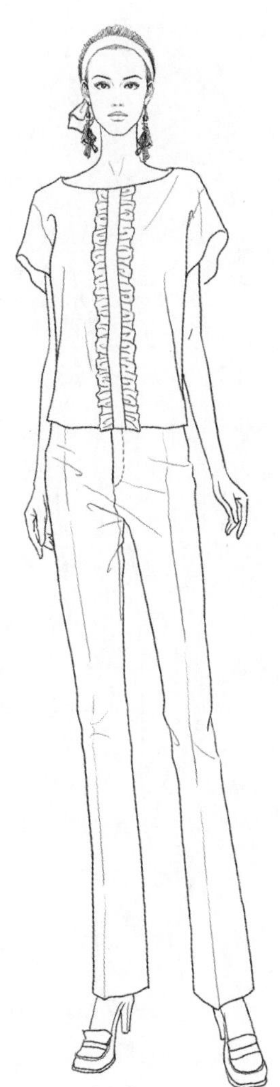

下装动态的画法 5

走姿时，裆部的动态发射线指向后举的腿

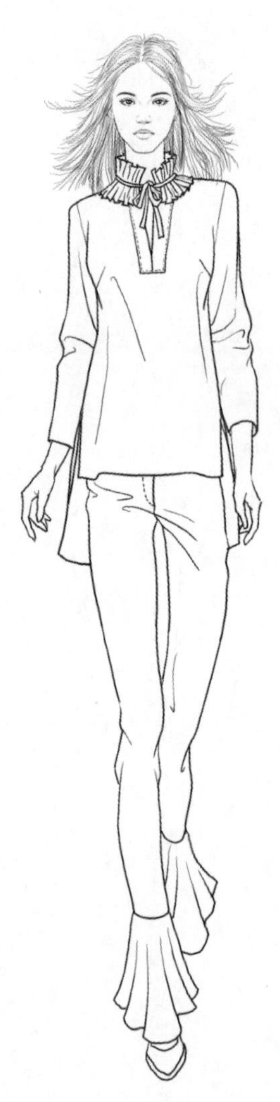

6. 肘部褶皱的画法

动态线向内侧挤压

7. 挤压褶皱的画法

画左右弧线，呈 X 形
在 X 形的上下画弧线，形成褶皱组合
重复用这种褶皱组合
不同褶皱的组合表现
挤压的褶皱表现

裤口的挤压褶皱线

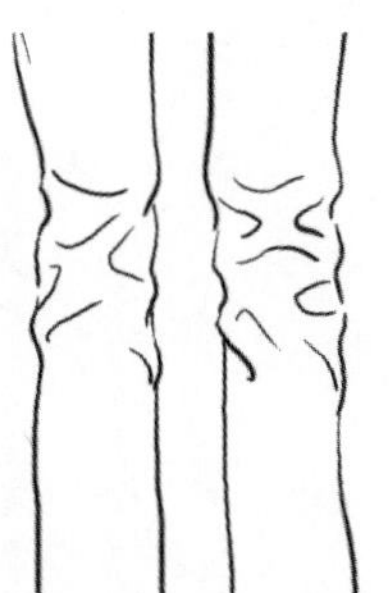

膝盖的挤压褶皱线

第三章

服装装饰细节的画法

一、省道的画法

1. 胸省的画法

胸省
上衣腰省
裙子腰省

2. 领圈省道的画法

省道的画法

3. 袖子省道的画法

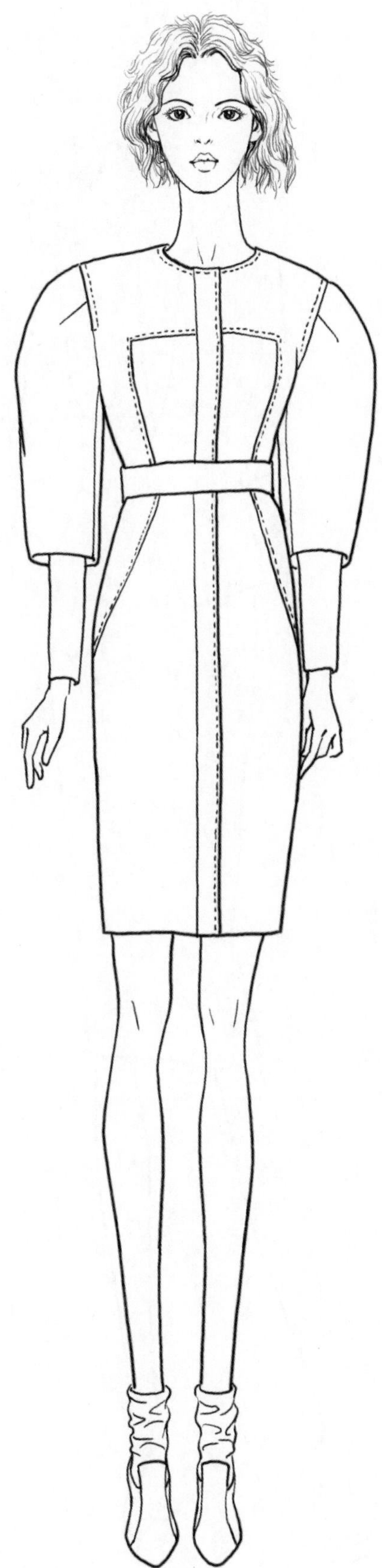

二、开刀的画法

开刀的画法

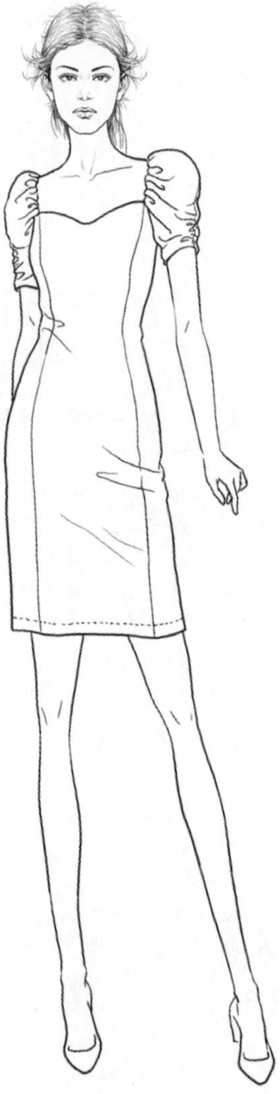

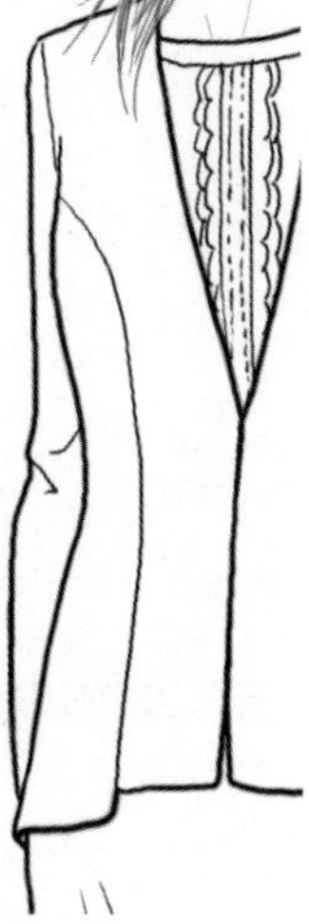

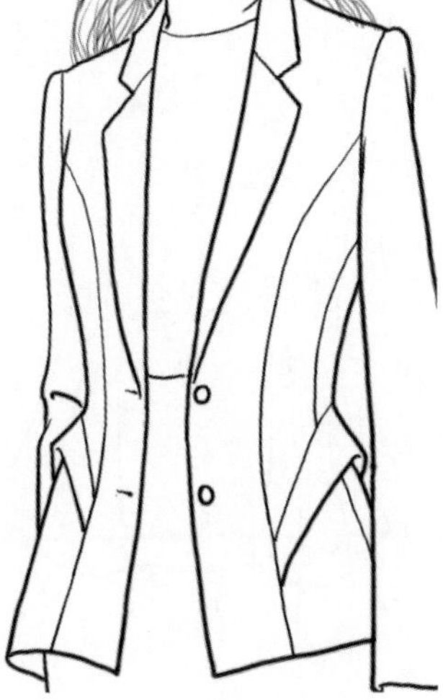

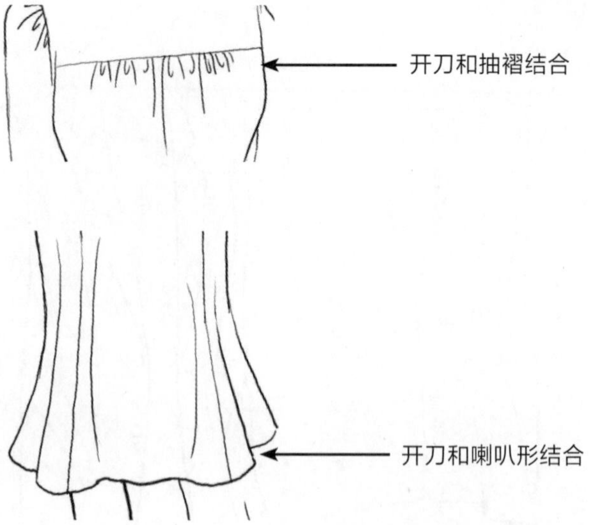

开刀和抽褶结合
开刀和喇叭形结合

三、抽褶的画法

形如字母 M，中间一定要画圆勾，两侧的八字撇不要一样长

八字撇要有长长短短，才会看上去自然

圆勾都一样长，看上去呆板

圆勾变成尖勾，面料看起来没有柔顺感

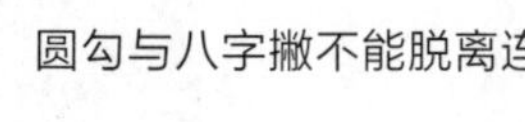

圆勾与八字撇不能脱离连接处

1. 抽褶的画法

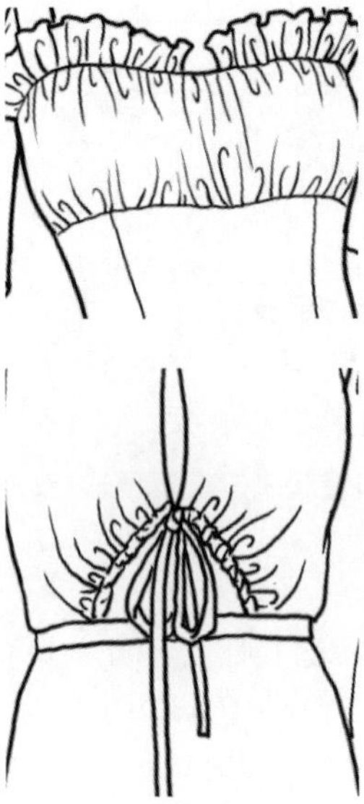

抽褶的线条不过胸高点

抽褶的画法 1

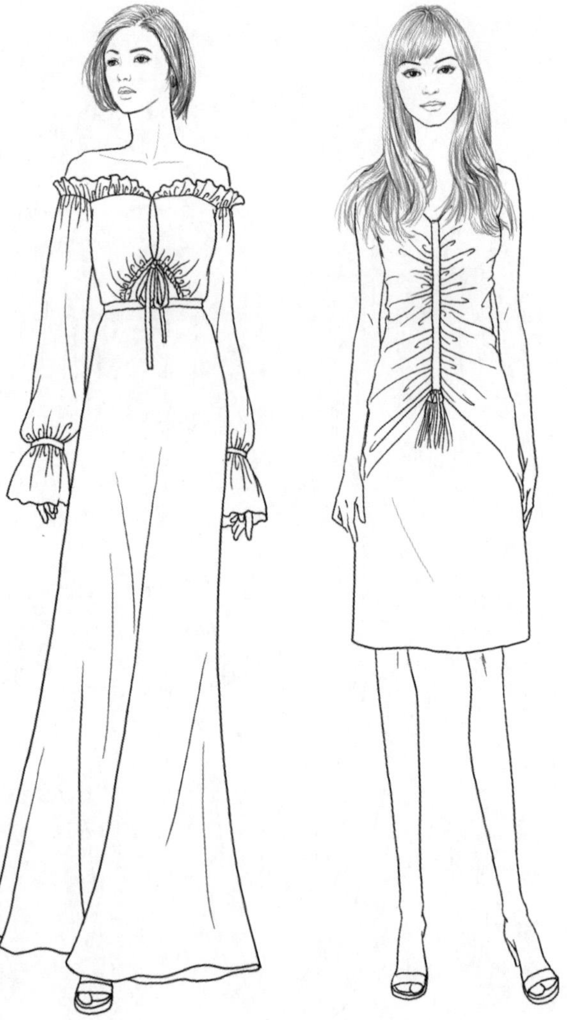

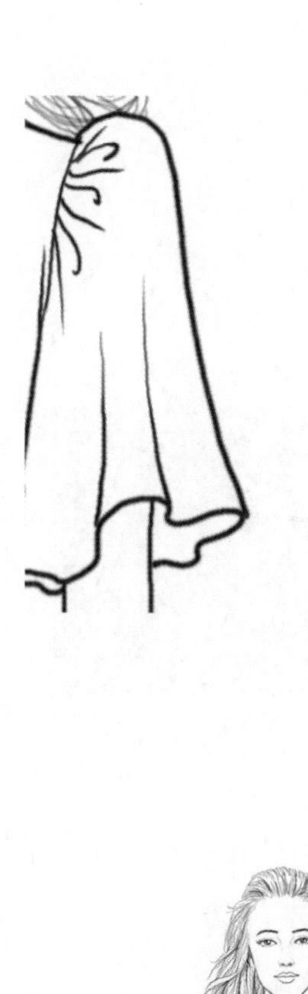

抽褶的画法 2

2. 抽褶边缘的画法

抽褶的画法 3

3. 不同材质抽褶的画法

棉布抽褶圆勾较尖

4. 厚面料抽褶的画法

5. 木耳边的画法

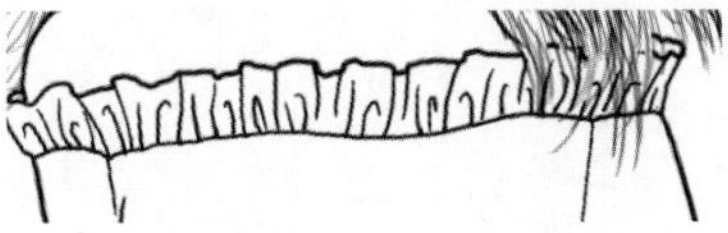

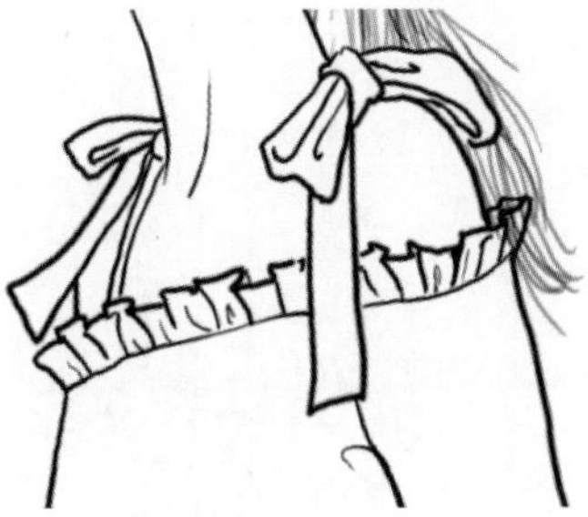

四、松紧带的画法

上下笔触的排列
切线边缘有起伏

以波浪线表现
松紧带的画法 1

1. 多针打揽抽褶的画法

三角勾的排列效果
重复多行松紧带排列效果

2. 不同材质松紧带的画法

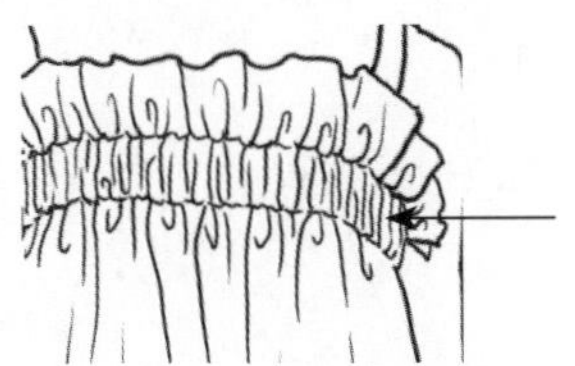

棉质松紧带，抽褶较直挺

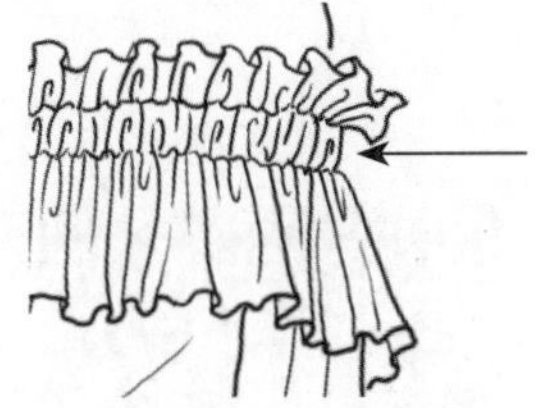

雪纺类松紧带，抽褶较细柔

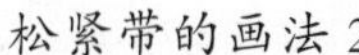

松紧带的画法 2

伞形发射褶皱
因悬垂而鼓起的的褶皱
松紧带的画法 3

五、抽绳的画法

抽绳的画法 1

厚料穿绳处褶皱的间距大

抽绳的画法 2

六、蝴蝶结的画法

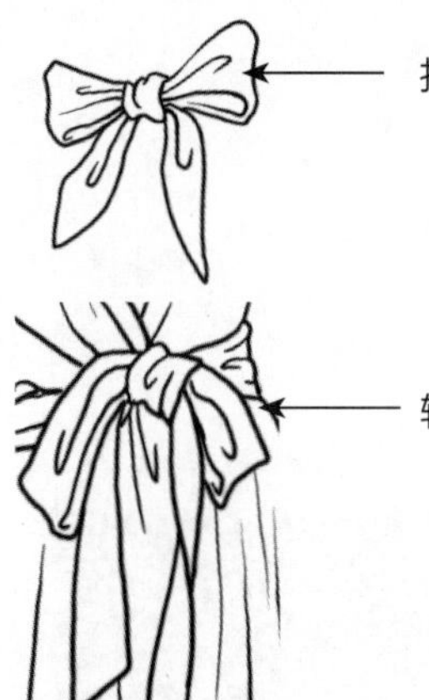

打结产生的挤压褶皱纹用圆勾表现

轻薄料要表现出悬垂感

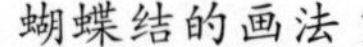
蝴蝶结的画法 1

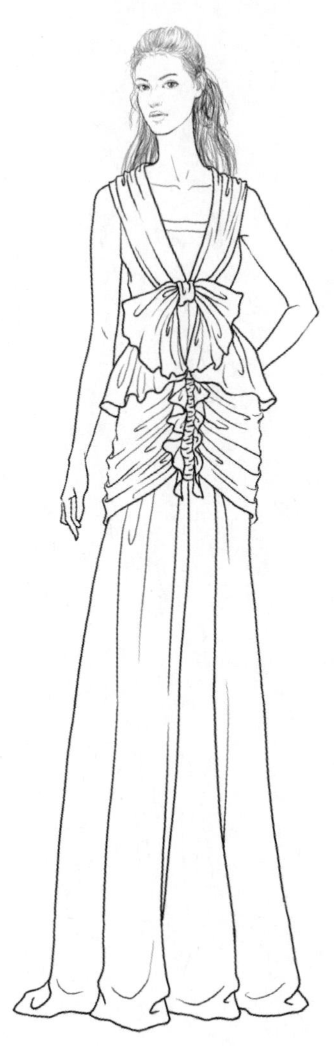

下摆打结，收拢位置有褶皱

蝴蝶结的画法 2

七、束腰的画法

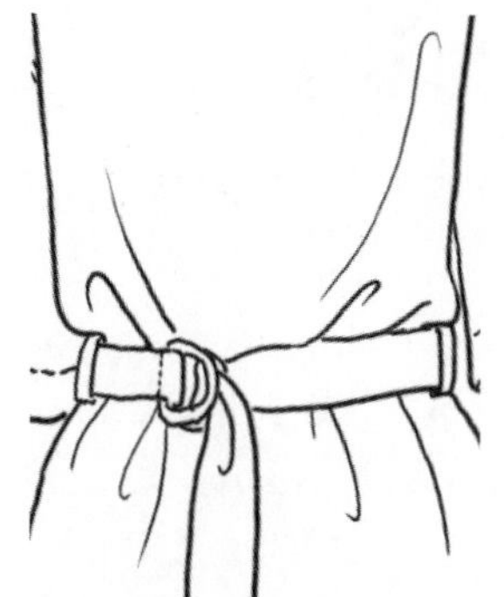

宽松服装束腰的画法

束腰的画法

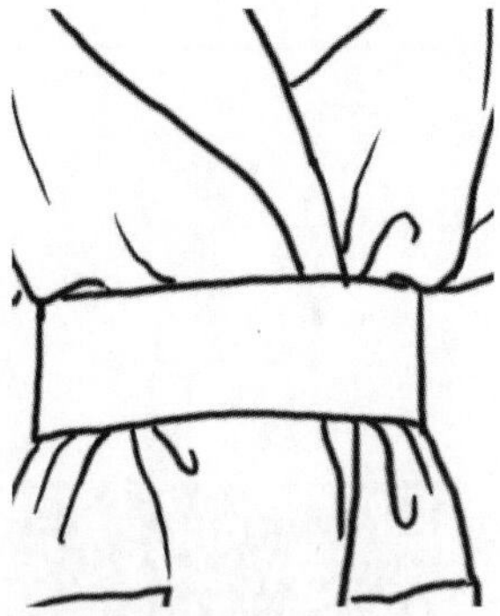

厚料的束腰褶皱少

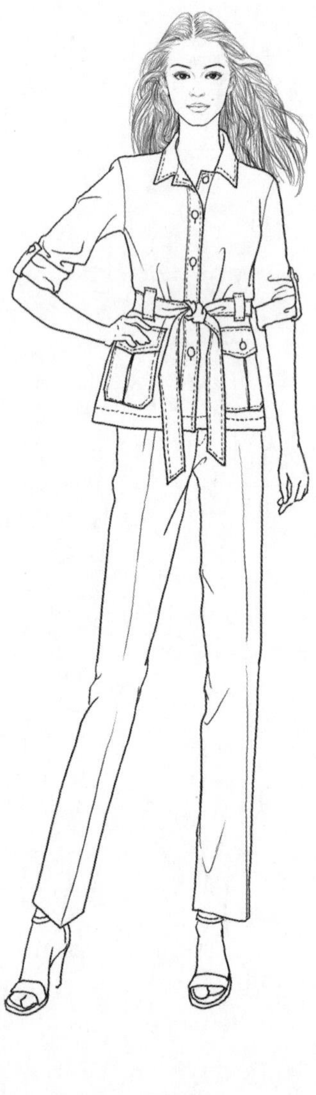

八、荷叶边的画法

荷叶边所处位置不同，表现的方法也是不同的。

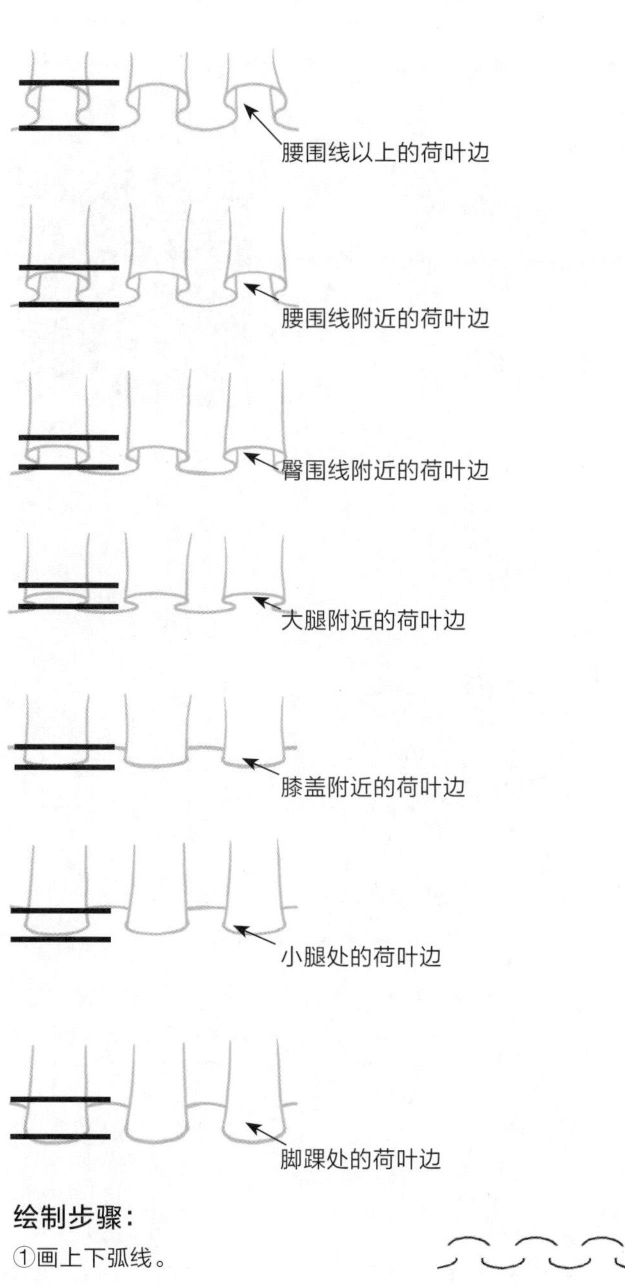
腰围线以上的荷叶边
腰围线附近的荷叶边
臀围线附近的荷叶边
大腿附近的荷叶边
膝盖附近的荷叶边
小腿处的荷叶边
脚踝处的荷叶边

绘制步骤：

①画上下弧线。

②用正反 S 连接上下弧线。

③先画内侧的发射线。

④再画外侧的发射线。

1. 腰部以上荷叶边的画法

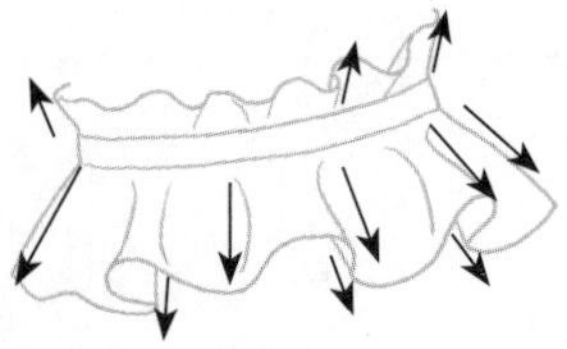

由缝合处向外画发射线

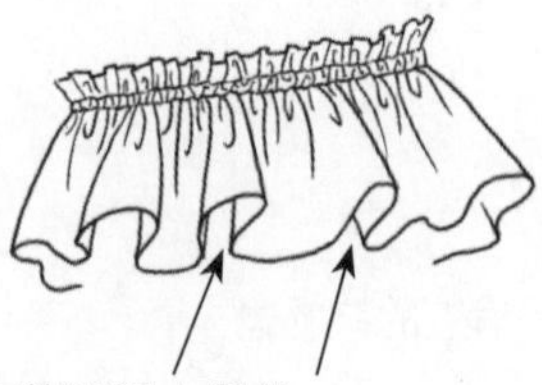

不能遗漏内侧线

荷叶边的画法 1

2. 腰部附近荷叶边的画法

荷叶边的画法 2

3. 大腿附近荷叶边的画法

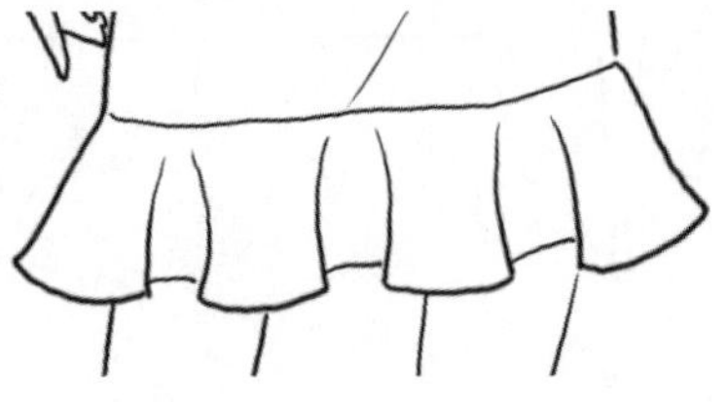

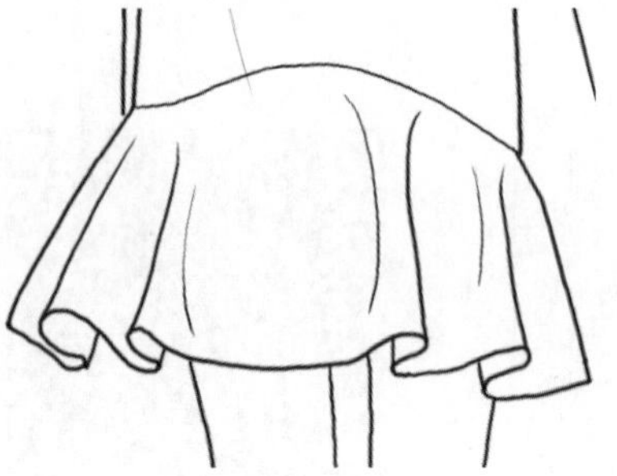

4. 膝盖附近荷叶边的画法

5. 小腿以下荷叶边的画法

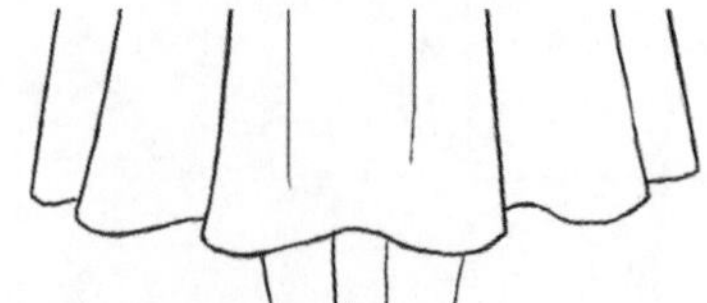

直站时，下摆波浪均匀

荷叶边的画法 3

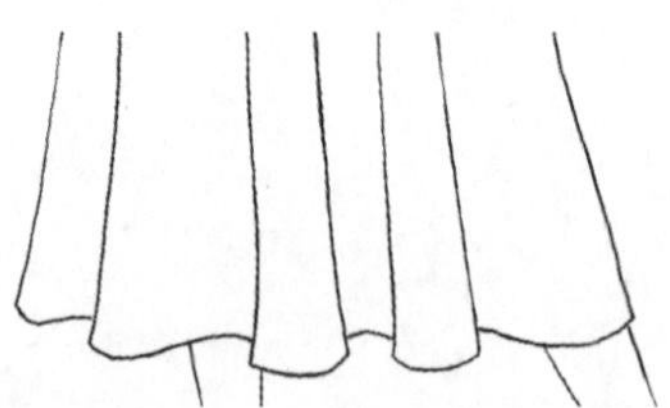

腿伸展出去时，波浪间距不等

6. 斜向荷叶边的画法

荷叶边的画法 4

7. 悬垂荷叶边的画法

8. 发射荷叶边的画法

荷叶边的画法 5

9. 前短后长荷叶边的画法

荷叶边的画法 6

九、压褶的画法

1. 褶裥的画法

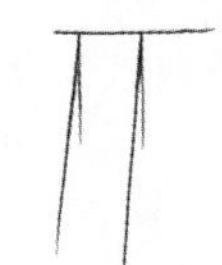

由左向右压的褶裥，左侧线比右侧线长

压褶的画法 1

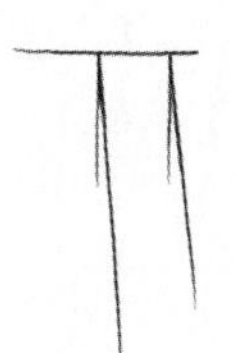

由右向左压的褶裥，右侧线比左侧线长

2. 明裥与暗裥的画法

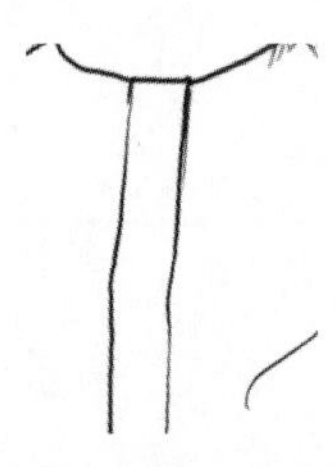

明裥外侧加阴影

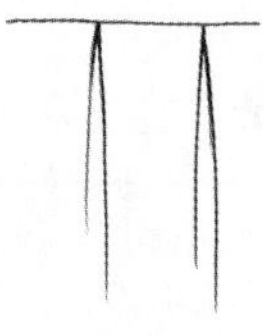

暗裥内侧加阴影

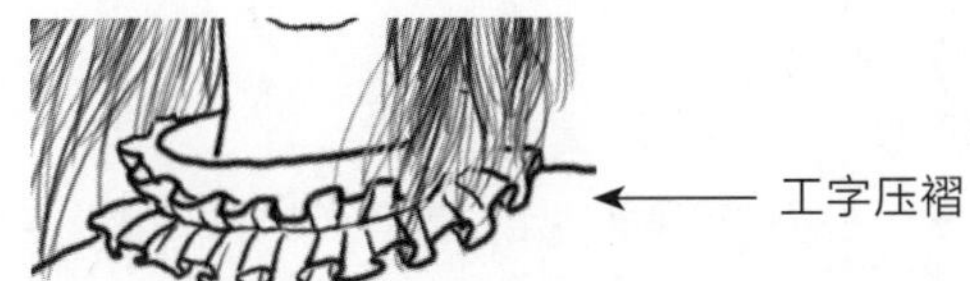
工字压褶

压褶的画法 2

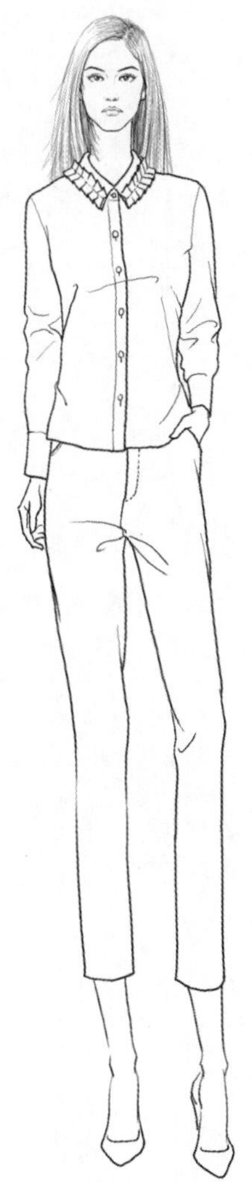

3. 机械定型褶的画法

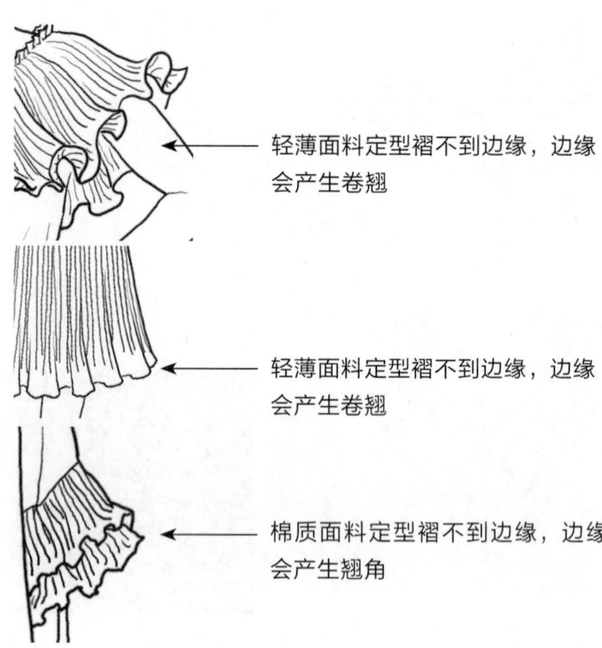
轻薄面料定型褶不到边缘，边缘会产生卷翘
轻薄面料定型褶不到边缘，边缘会产生卷翘
棉质面料定型褶不到边缘，边缘会产生翘角

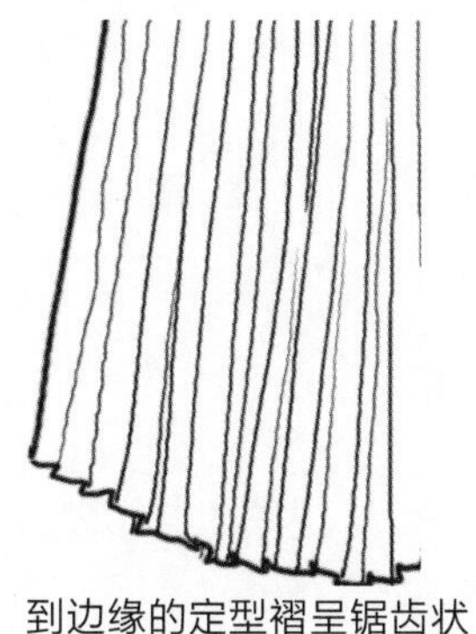
到边缘的定型褶呈锯齿状

压褶的画法

4. 塔克工艺压褶的画法

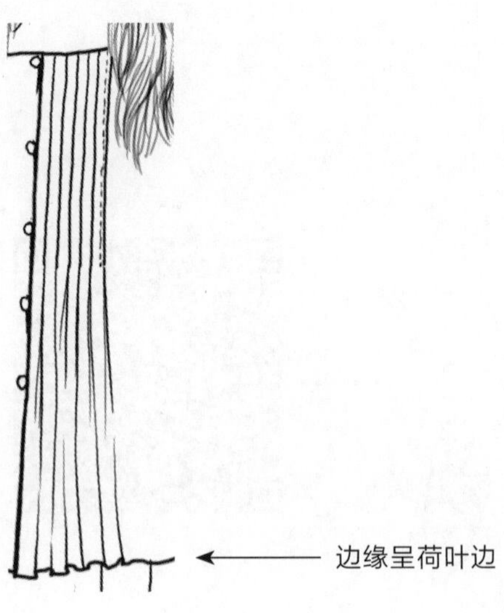
边缘呈荷叶边

第四章

服装造型的画法

一、上装造型的画法

1. 正面西装领的画法

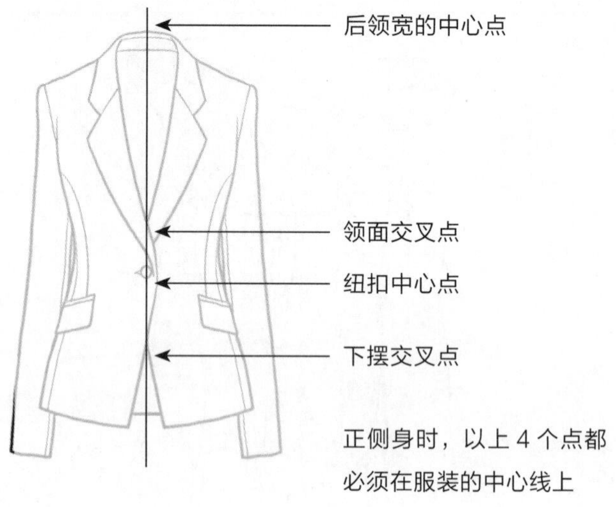
后领宽的中心点
领面交叉点
纽扣中心点
下摆交叉点

正侧身时，以上 4 个点都必须在服装的中心线上

2. 侧身西装领的画法

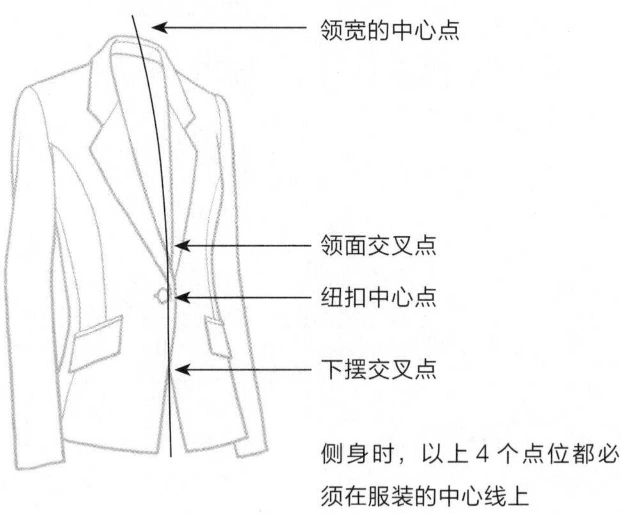
领宽的中心点
领面交叉点
纽扣中心点
下摆交叉点

侧身时，以上 4 个点位都必须在服装的中心线上

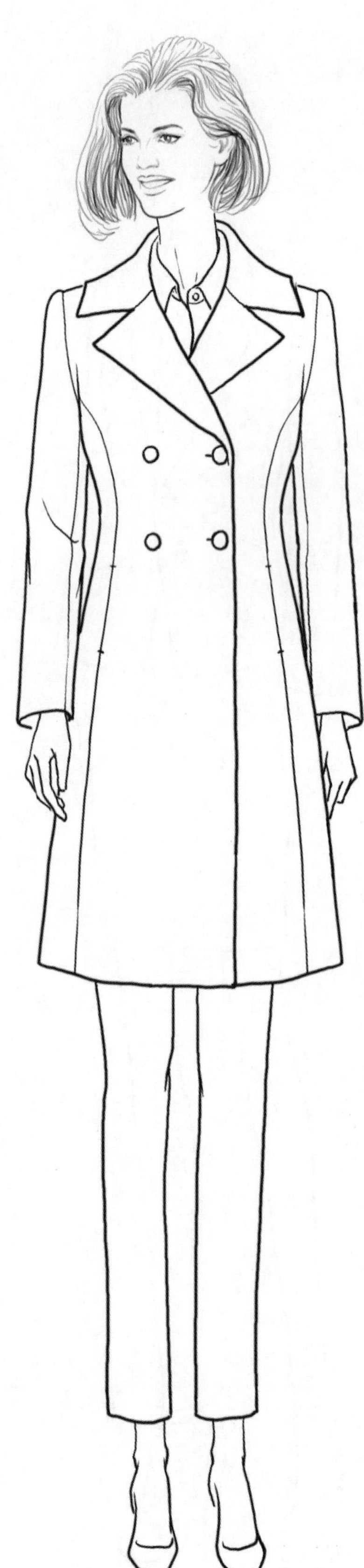

3. 双排扣叠门的画法

双排扣扣上时的中心位在服装的中心线上，纽扣在中心线两侧排列

4. 领面宽的画法

领面到肩点
领面过肩点
领面宽为 1/3 肩宽

5. 横领的画法

横领与脖子要有间距

6. 荡领的画法

左右来回画弧线交替排列

7. 落肩袖的画法

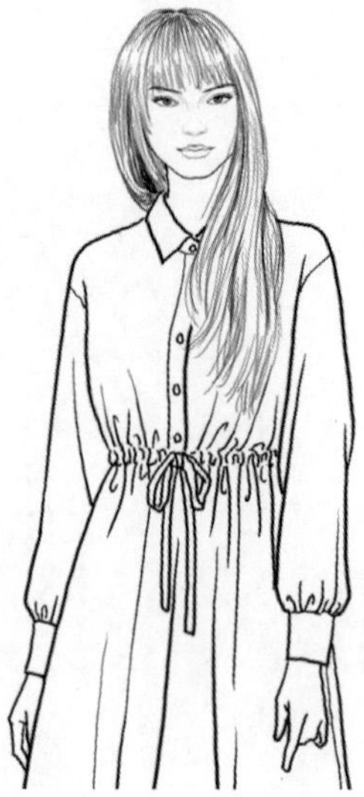

8. 灯笼袖的画法

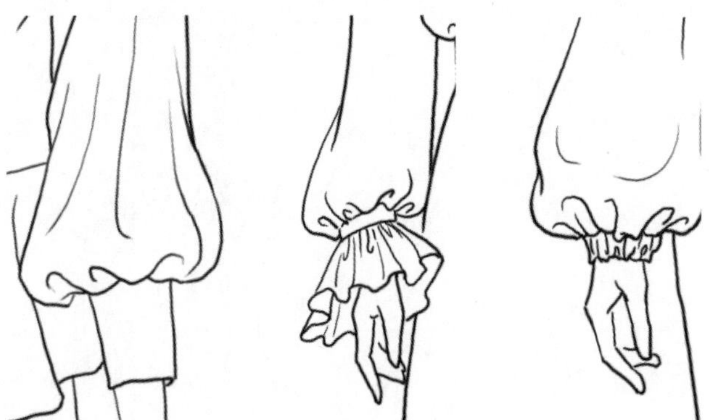

袖口抽褶，抽线以伞状展开

9. 插肩袖的画法

10. 袖口的画法

11. 袖山的画法

袖口的画法

二、下装造型的画法

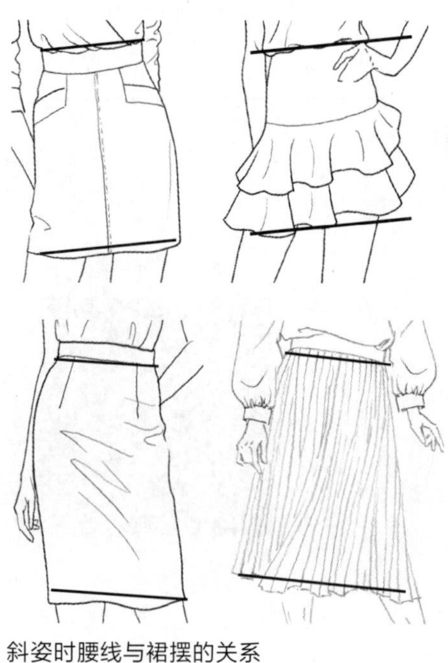

斜姿时腰线与裙摆的关系

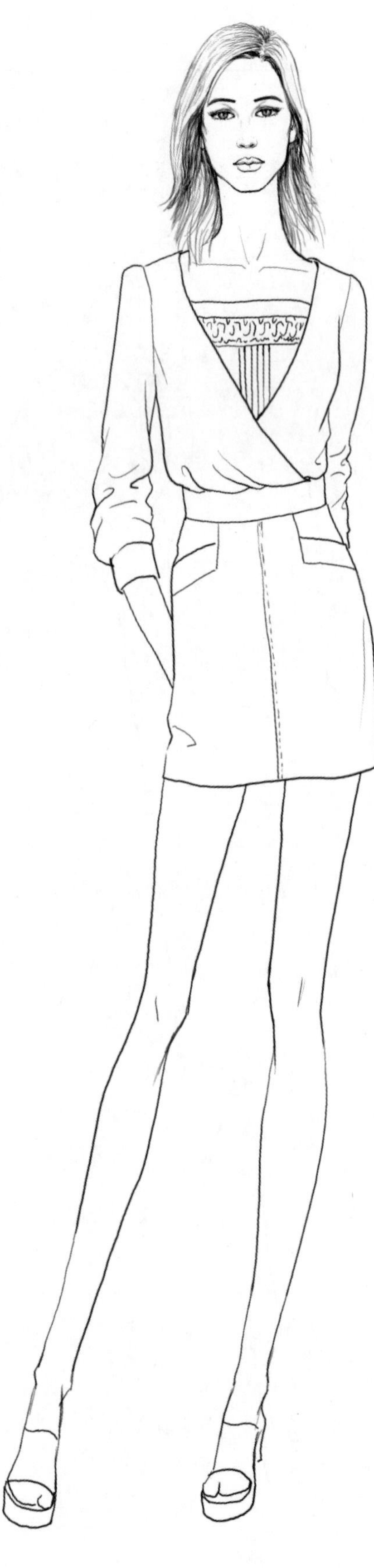

1. 大喇叭裙的画法

侧姿时波浪近大远小

2. 紧身裙的画法

开刀后插片

3. 宽松裙的画法

宽松裙不收腰

4. 直筒裤的画法

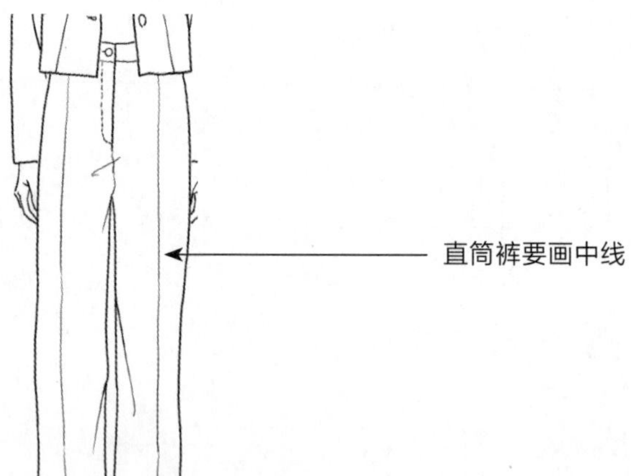
直筒裤要画中线

5. 短裤的画法

裤口与腰线平行

6. 紧身裤的画法

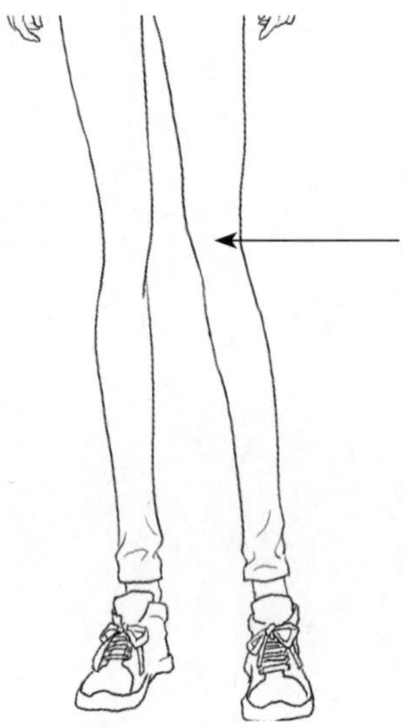

弹力厚料要少画褶皱

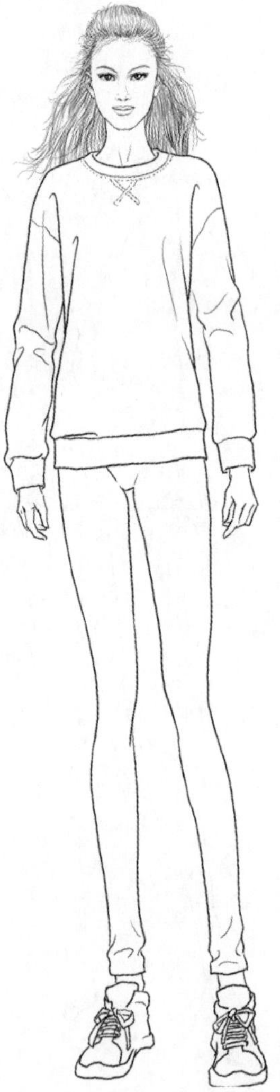

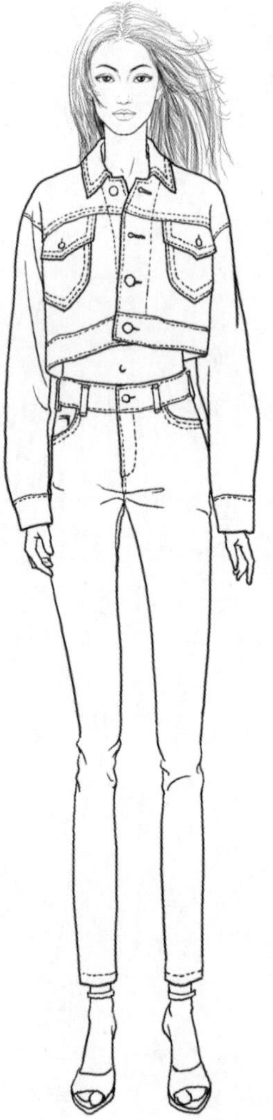

7. 宽松裤的画法

动态表现线，省略其余线条

8. 裆部的画法

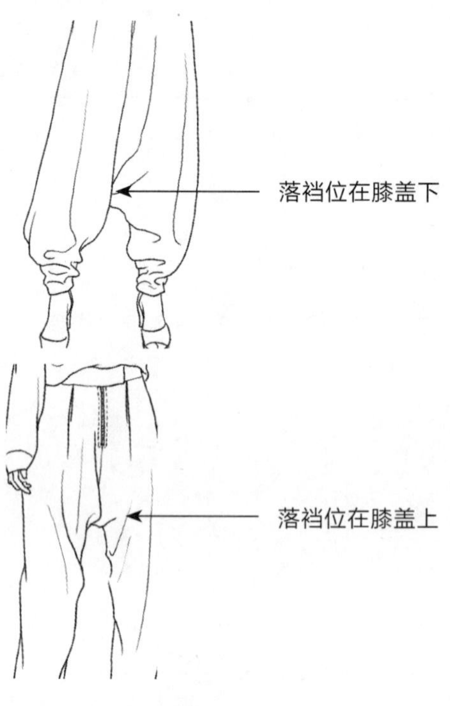
落裆位在膝盖下
落裆位在膝盖上

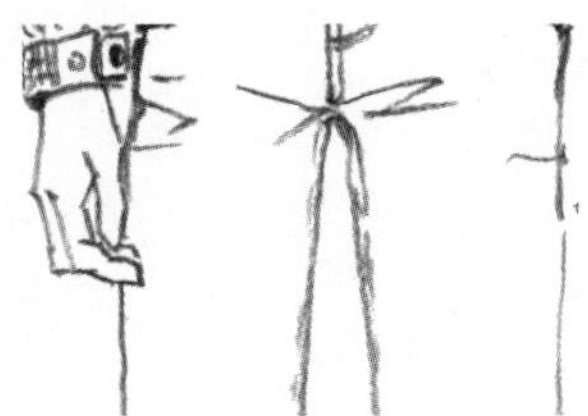

直立时，裆部褶皱呈 X 形

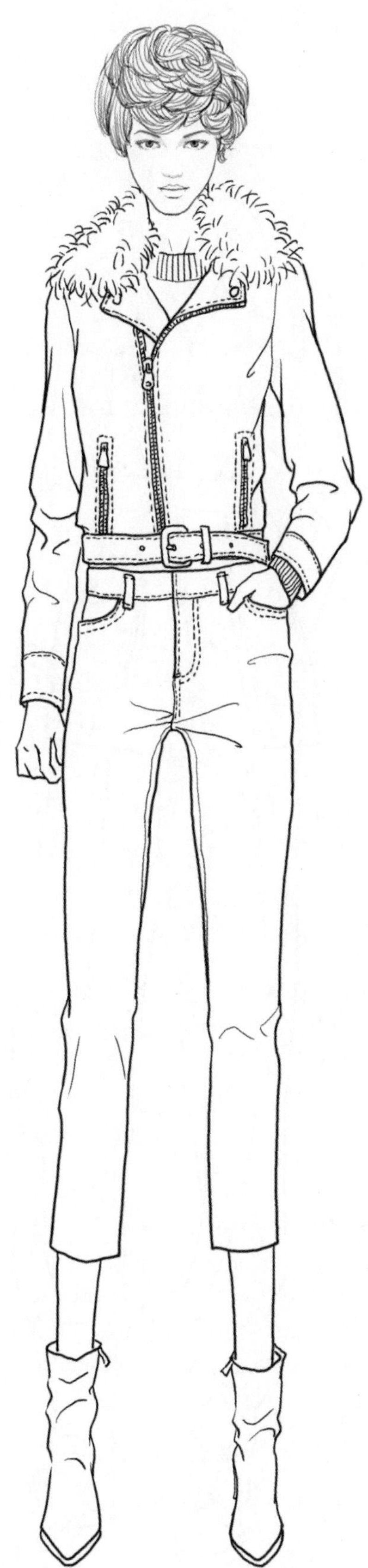

9. 裤脚口的画法

(1) 裤脚口收紧时的画法

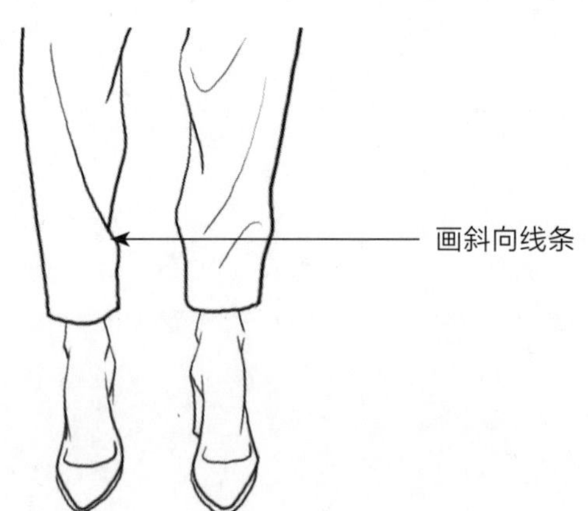
画斜向线条

(2) 宽裤脚口的画法

省略其余线条

(3) 宽松裤的画法

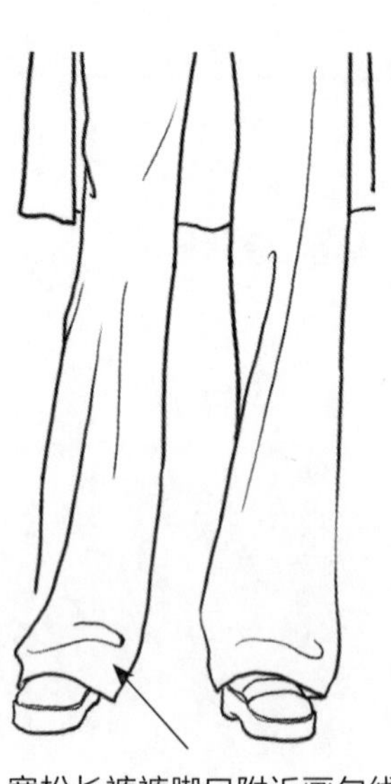

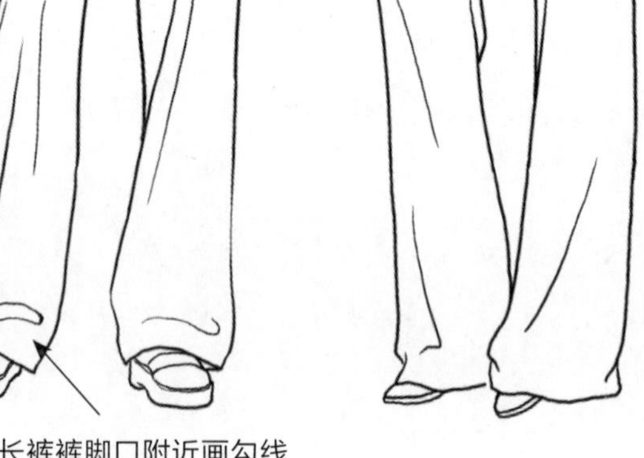

宽松长裤裤脚口附近画勾线

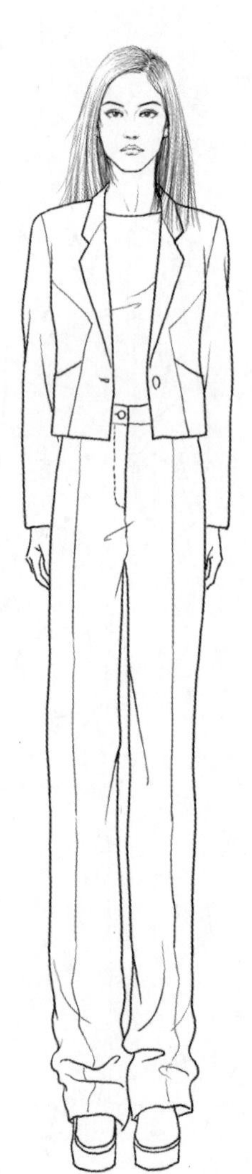

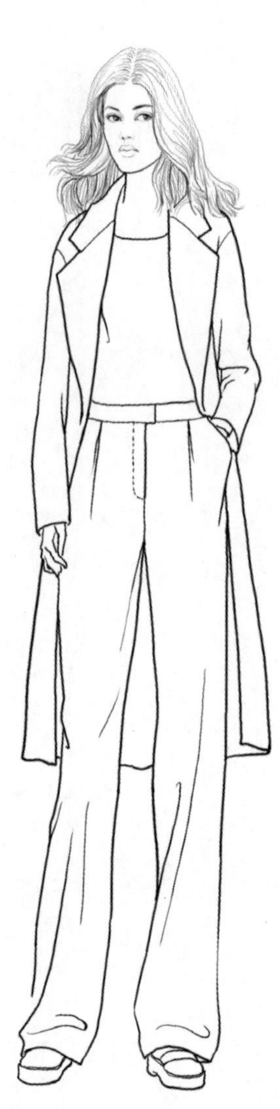

第五章

服装款式的画法

一、衬衣的画法

装袖点在肩点处

装袖点在肩点下

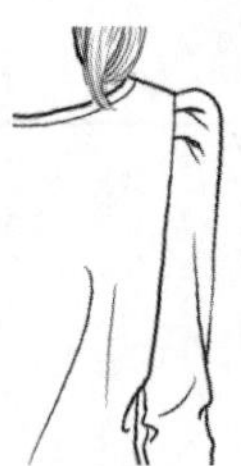

装袖点在肩点内

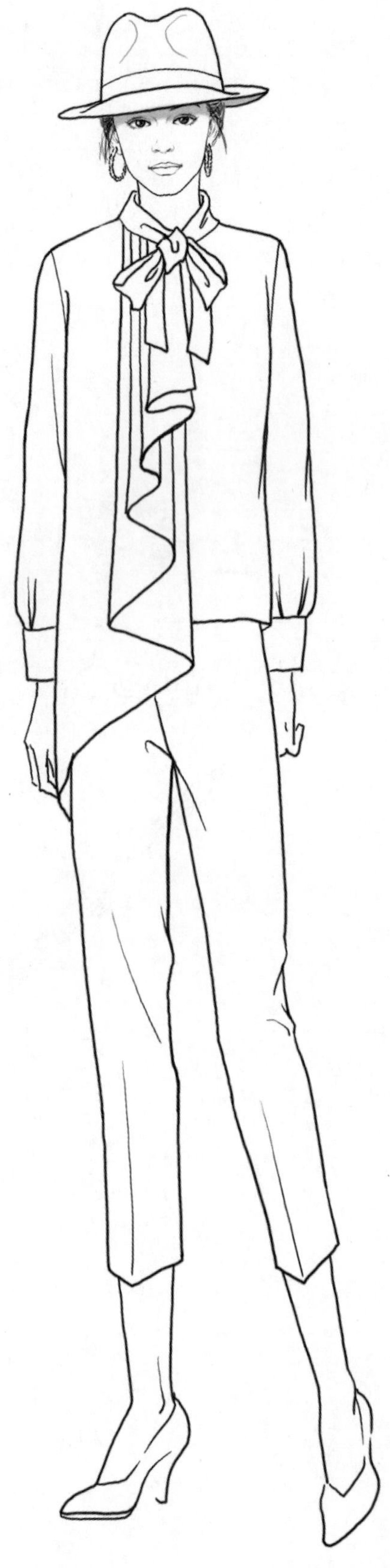

宽松衬衣褶皱线
宽松衬衣束腰褶皱线

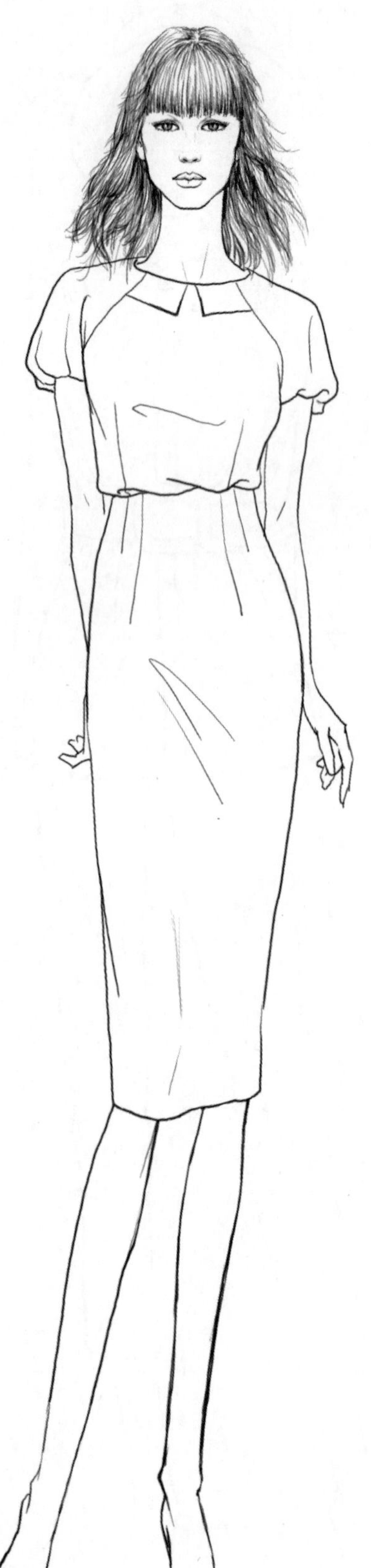

二、连衣裙的画法

紧身连衣裙的腰省和胸省

不同的收腰

薄料飘动

棉质下垂

不同工艺的下摆

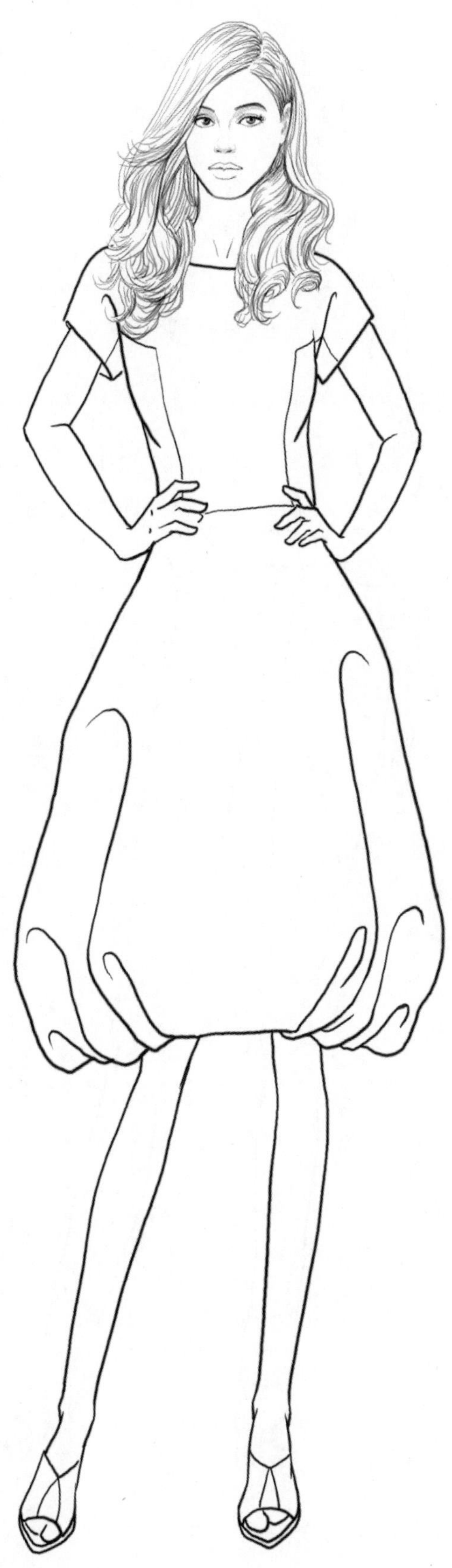

三、卫衣的画法

卫衣面料褶皱线圆润

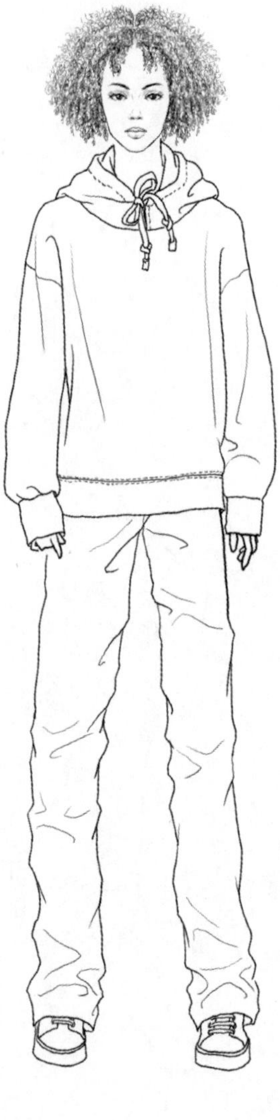

褶皱线圆润

四、外套的画法

1. 不同西装领的画法

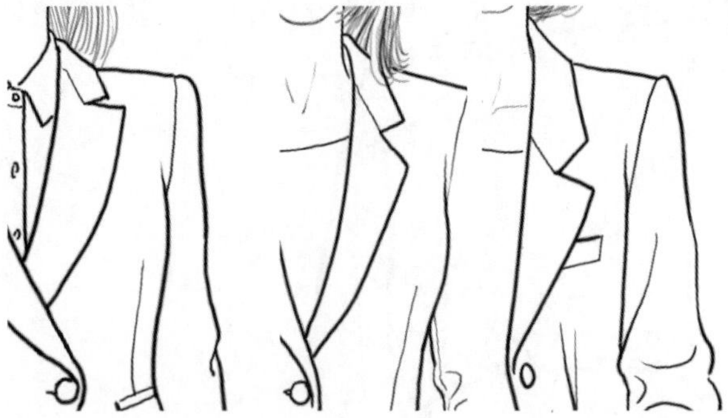

2. 不同下摆的画法

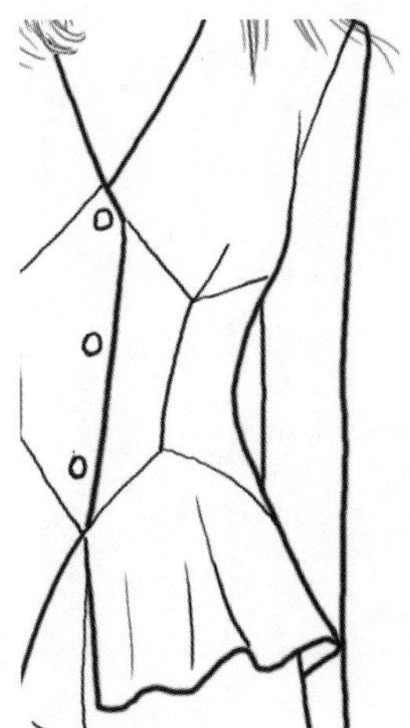

下摆宽松可体现收腰效果

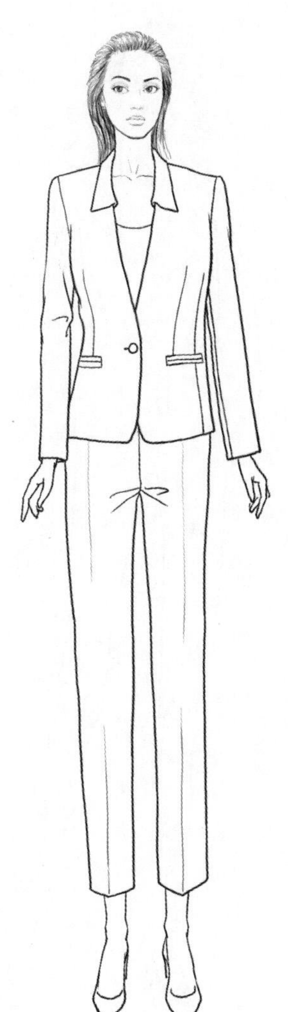

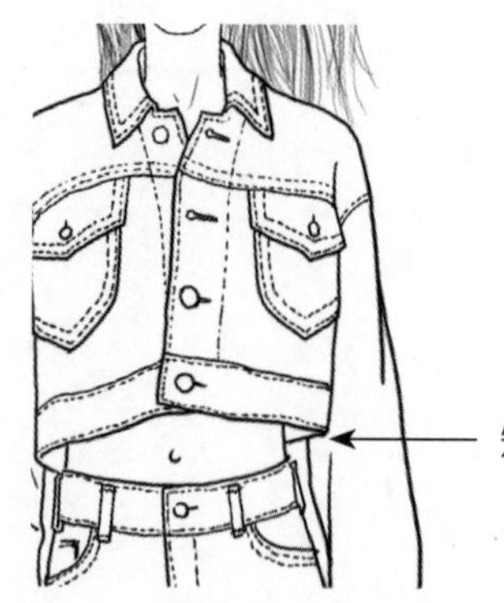
短外套宽松不贴腰

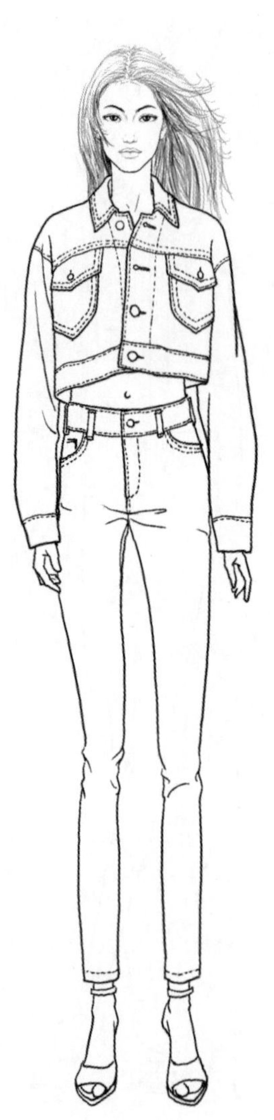

3. 不同袖长的画法

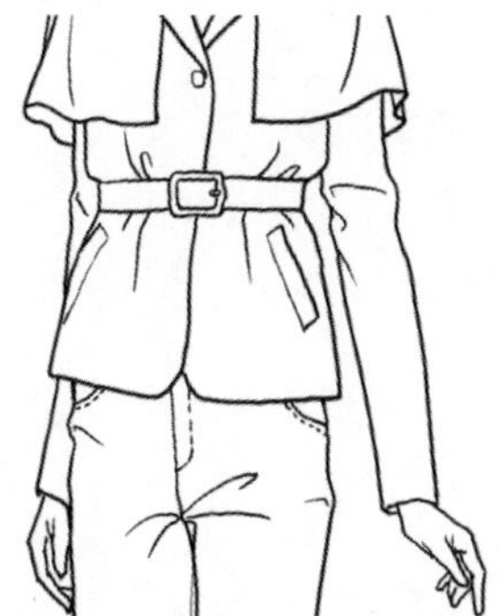

袖口在手腕处

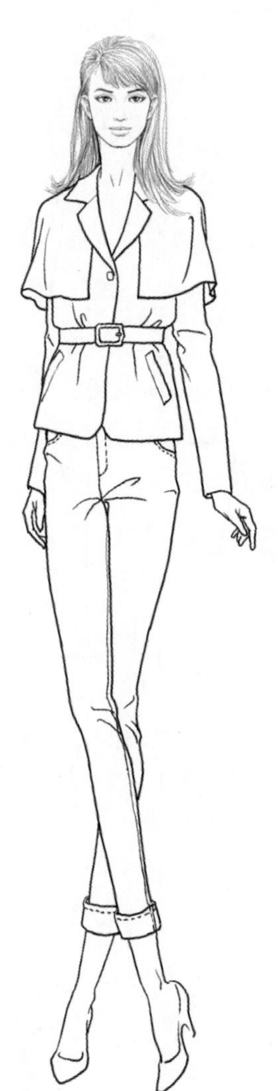

4. 连帽的画法

厚面料连帽

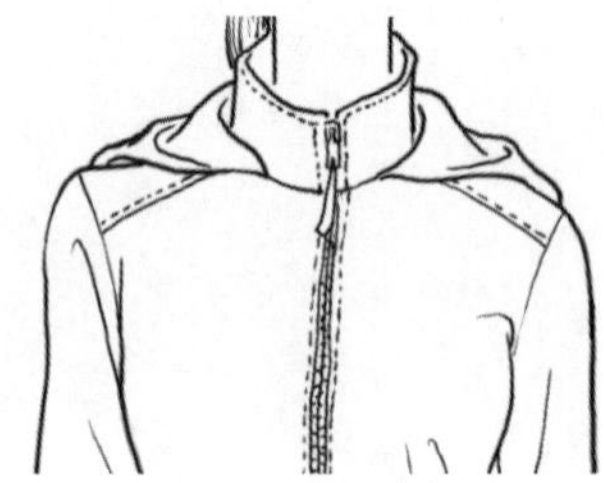

薄面料连帽

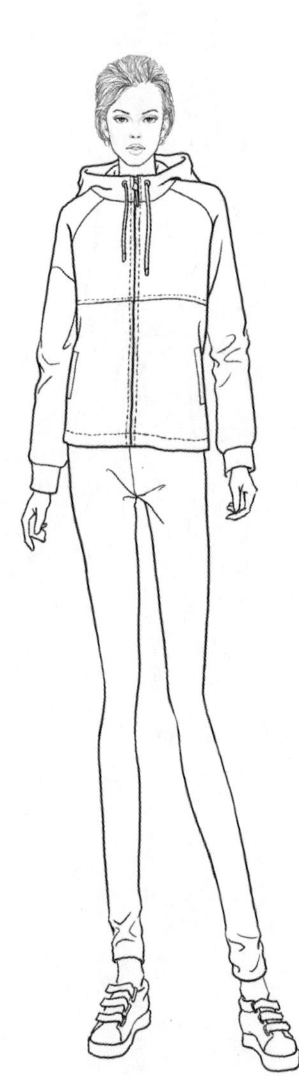

5. 宽松外套的画法

用几条长线表现宽松长连衣裙

6. 斗篷的画法

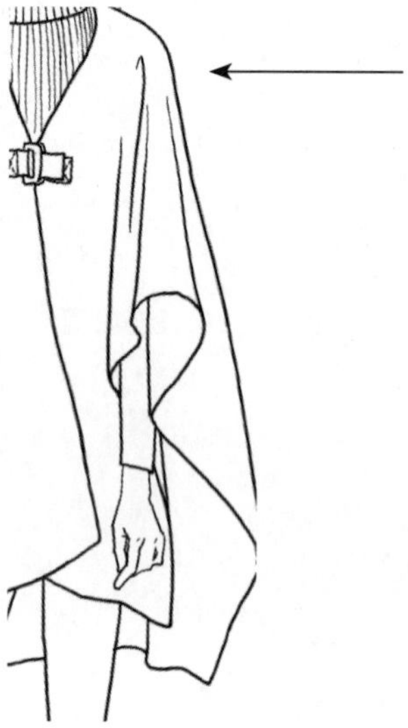

肩点是下垂发射线的起点

7. 双排扣的画法

叠门中心线

8. 立领的画法

风衣领脚的画法

9. 厚呢料的画法

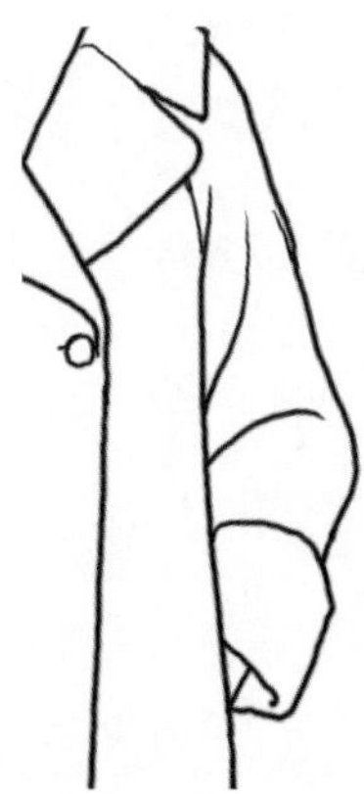

厚呢料的肘部褶皱线要少画

厚呢料的褶皱线可以省略

10. 棉服的画法

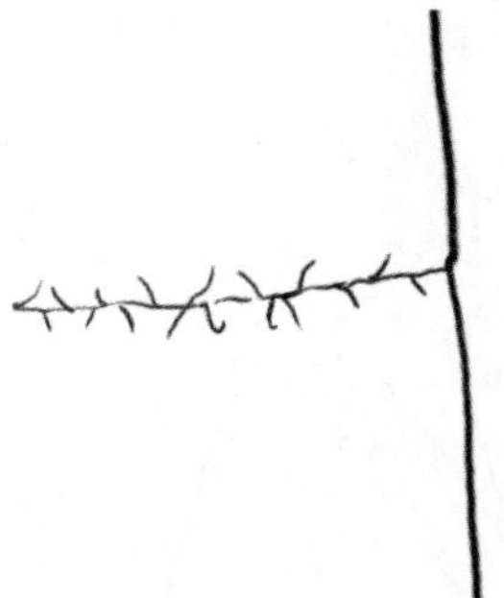

以短线来表现

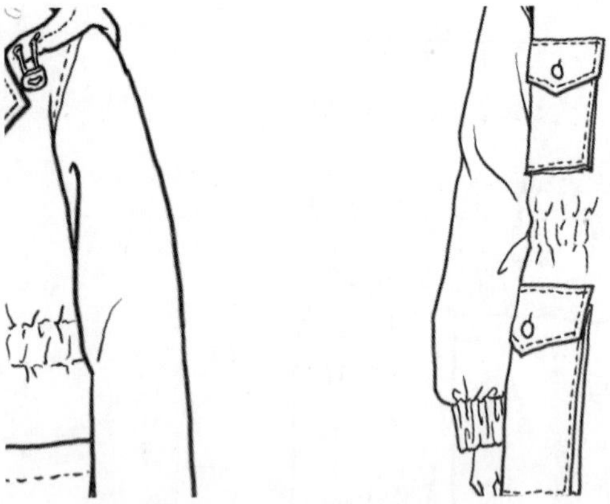

棉服的肘部褶皱线要少画

11. 羽绒服的画法

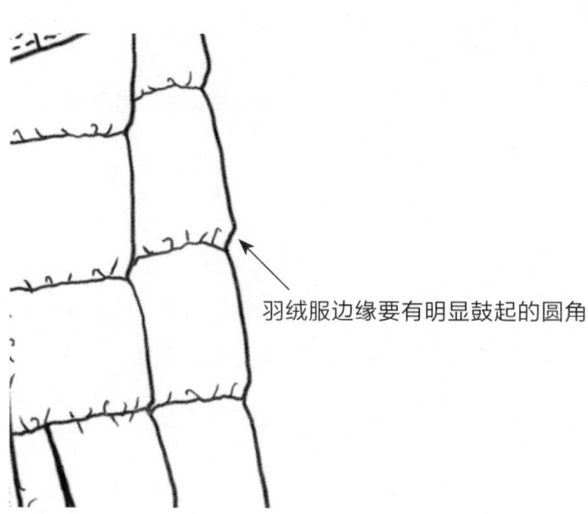
羽绒服边缘要有明显鼓起的圆角

五、针织服装的画法

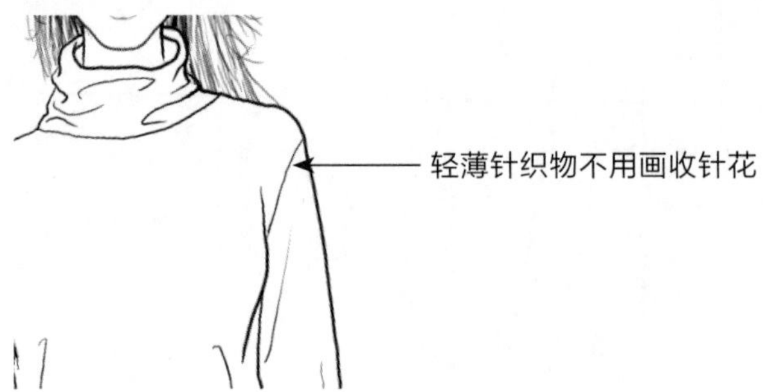
轻薄针织物不用画收针花

1. 收针花的画法

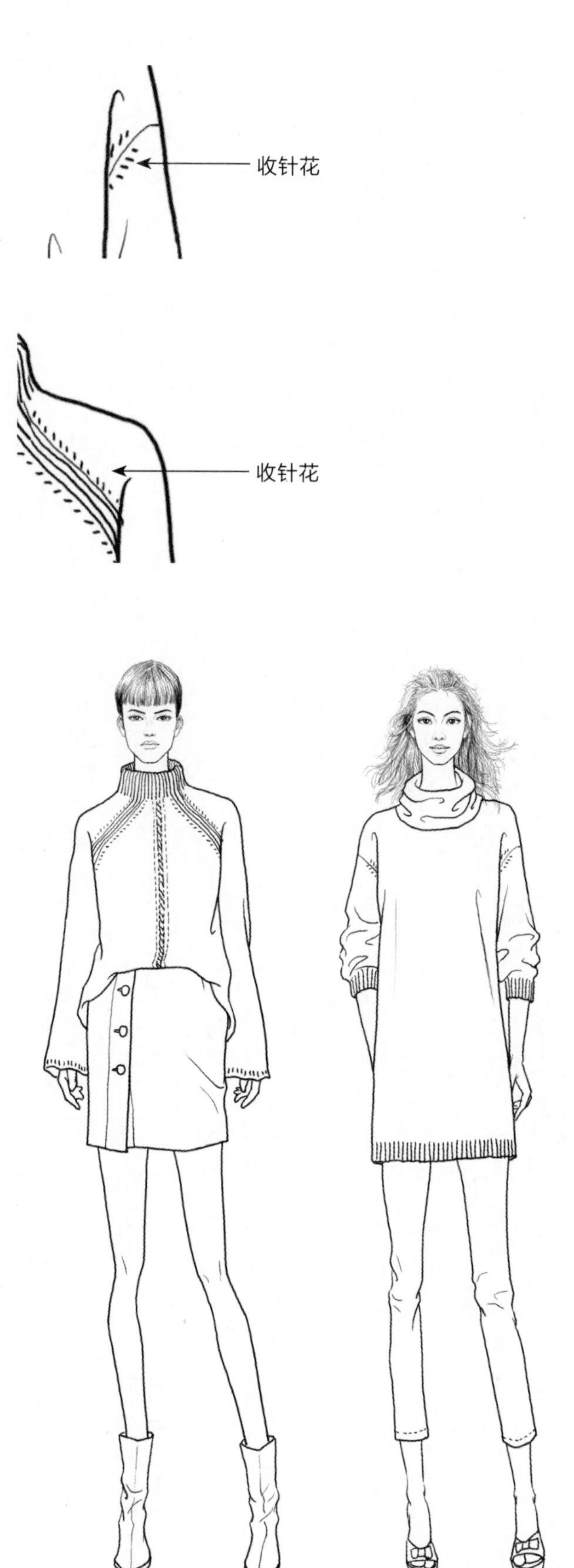
收针花
收针花

2. 领的画法

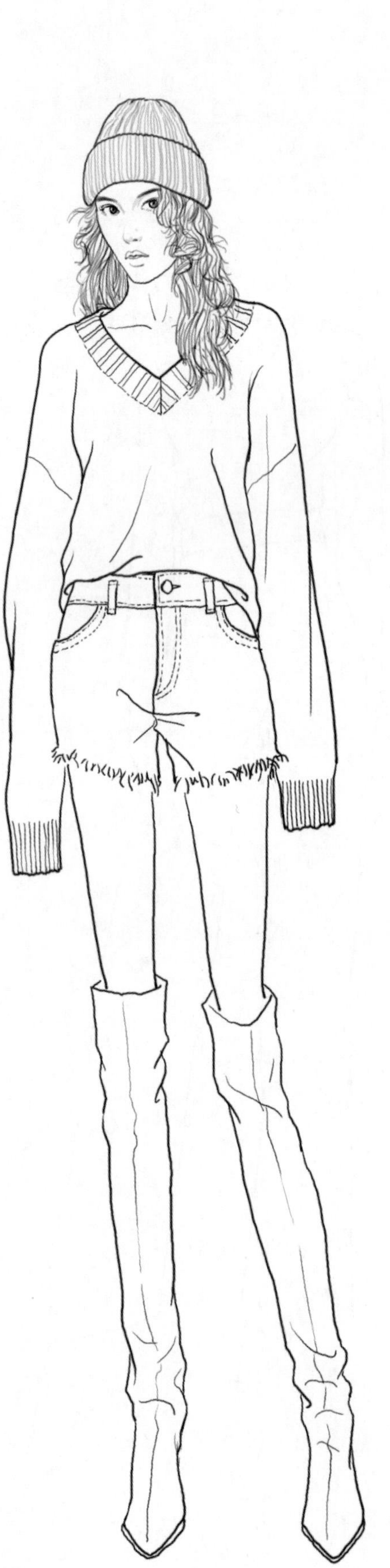

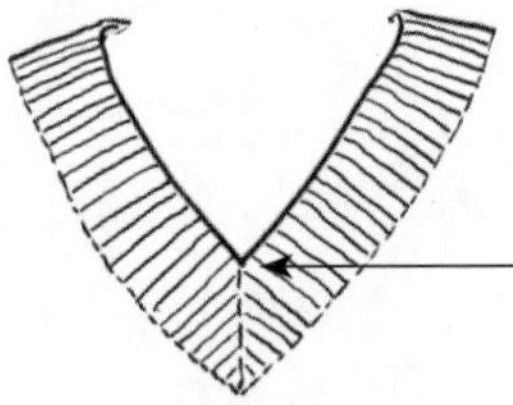

V 字领拼接

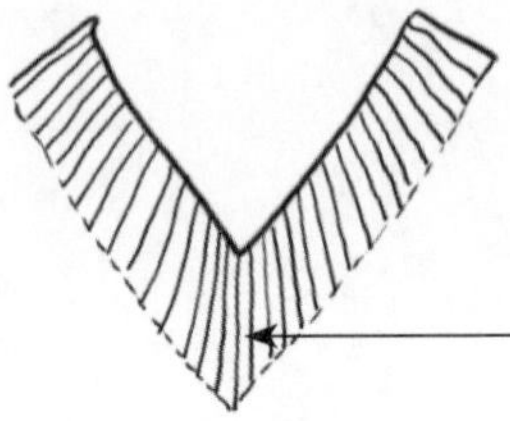

不要画成平行线

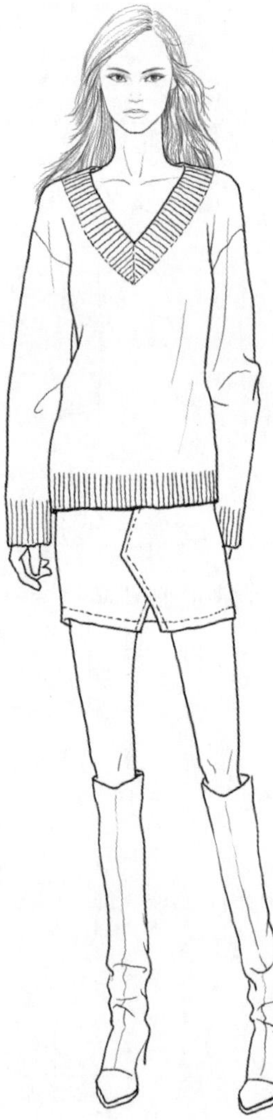

针织流苏需画打结效果

罗纹圆领呈均匀的伞状发射形态

不同领高的画法

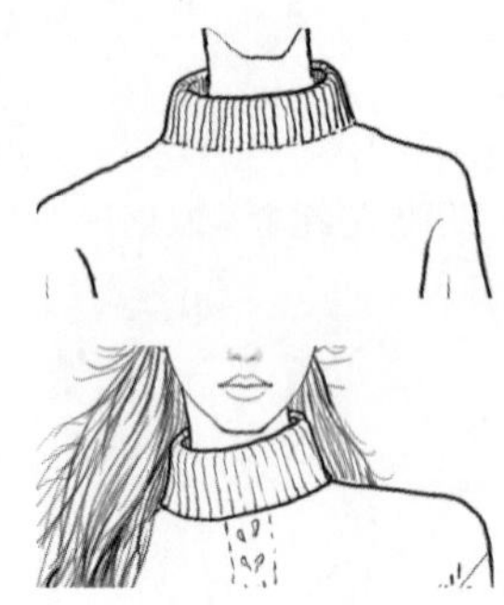

3. 罗纹的画法

4X4 罗纹门襟
3X3 罗纹下摆

4. 提花针法的画法

加深加粗背光面，增加立体感

六、立裁服装的画法

1. 叠压的画法

加深叠压的阴影以产生立体感

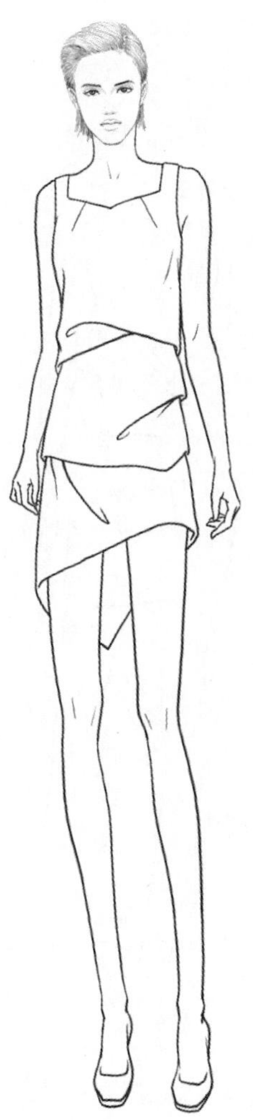

2. 缠绕褶的画法

加深层叠阴影

3. 缠绕褶的画法

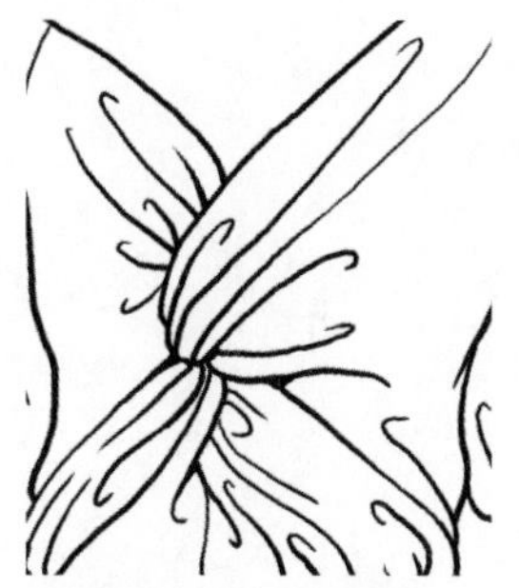
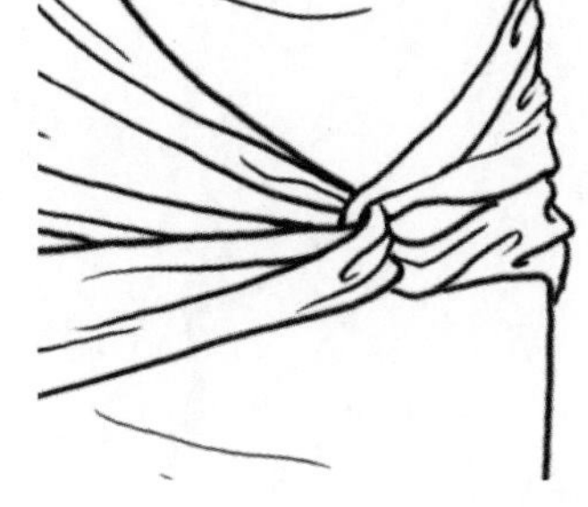

轻薄面料缠绕细褶多

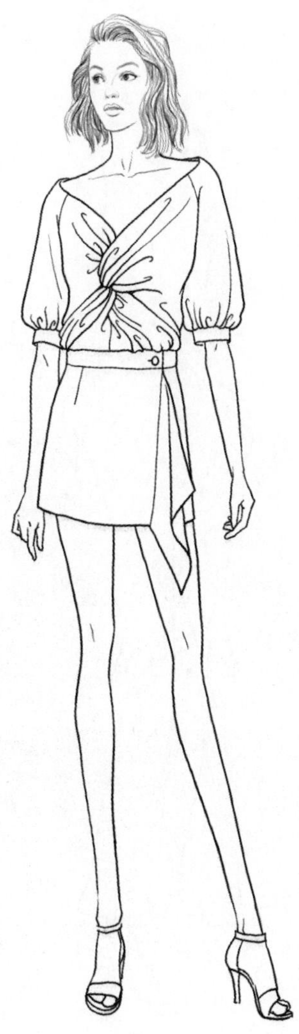

4. 凹陷的画法

插入凹陷中
凹陷的画法

5. 折叠的画法

直线折叠，褶皱排列后呈悬
垂状态，再以抽缩法表现

6. 抽缩的画法

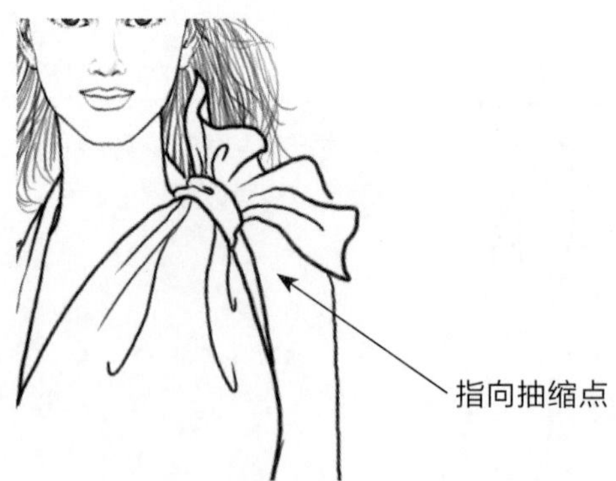
指向抽缩点

7. 堆积的画法

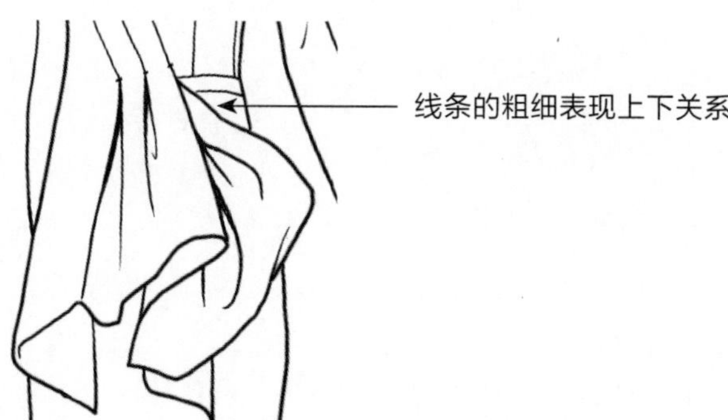
线条的粗细表现上下关系

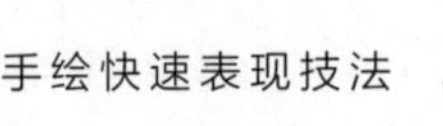

七、礼服的画法

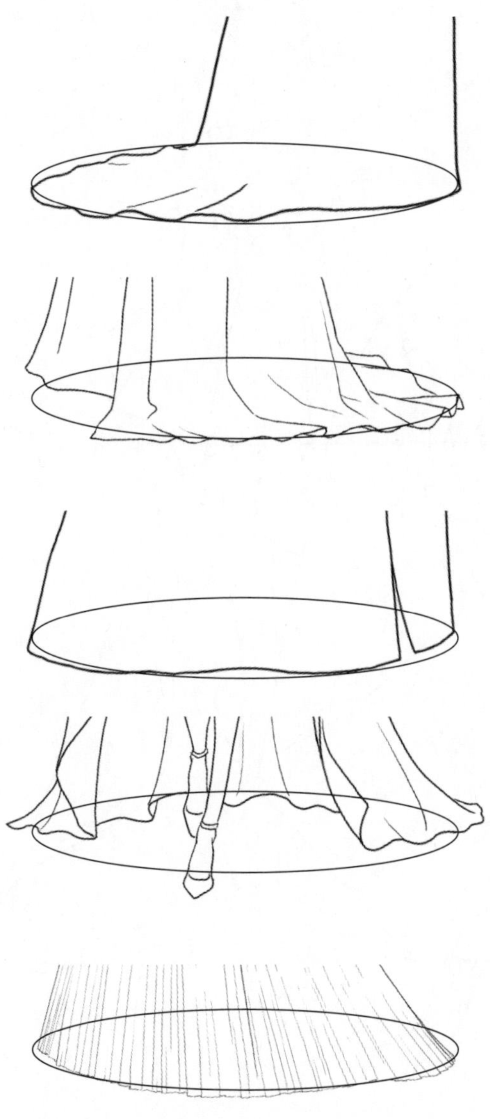

拖地大裙摆呈扁平的椭圆形

第六章

材质的画法

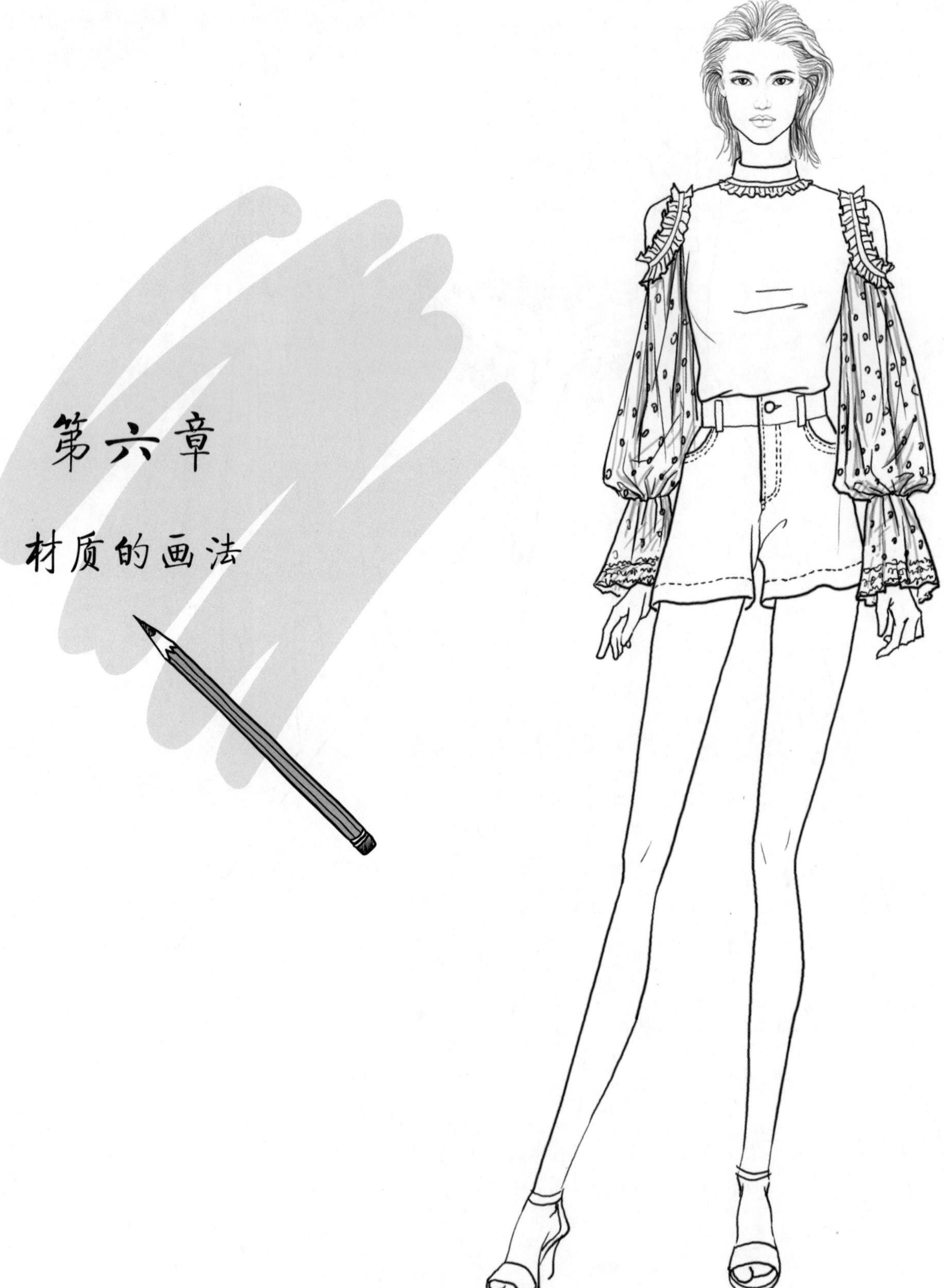

一、蕾丝、网纱的画法

蕾丝边有小突点

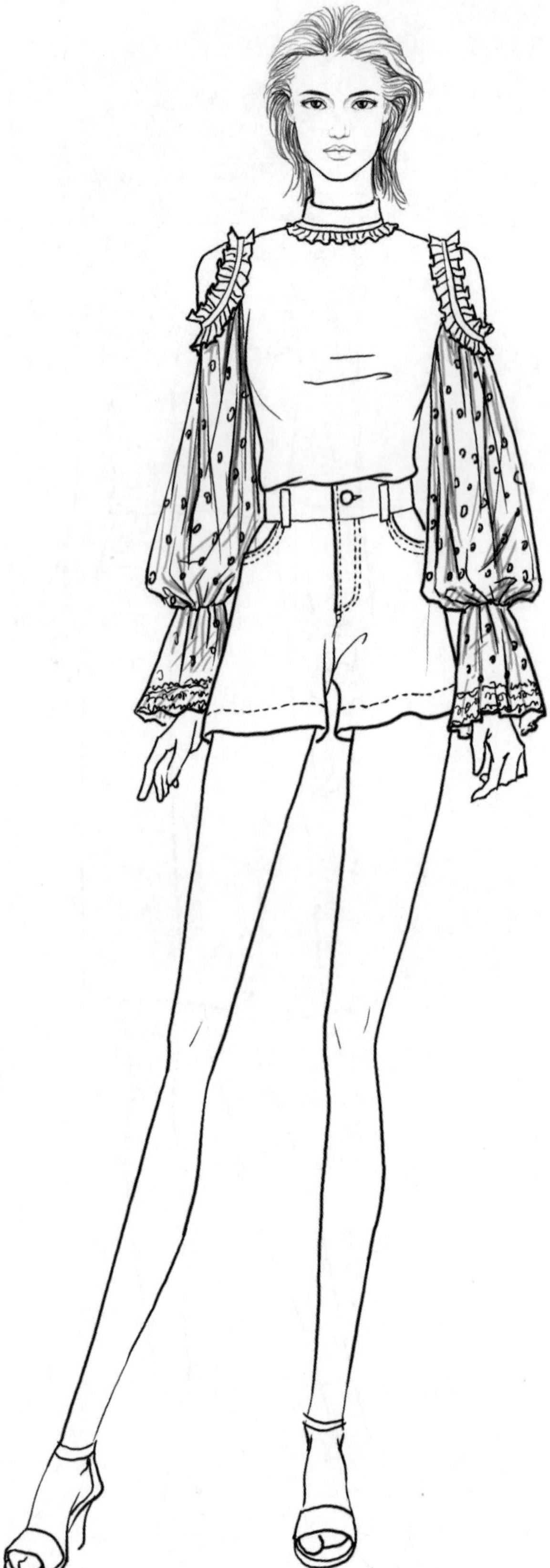

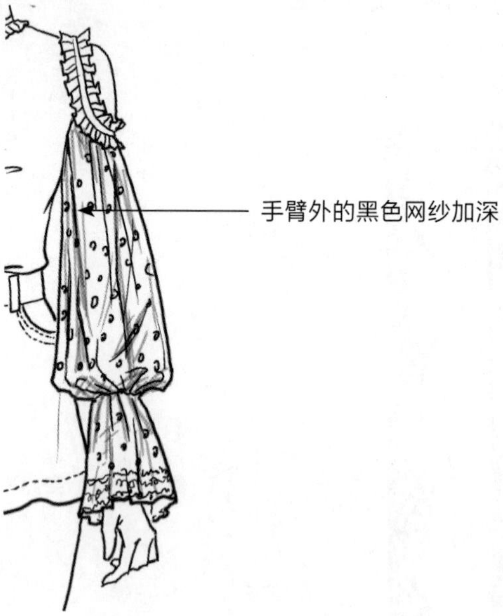

手臂外的黑色网纱加深

画透明黑色网纱时，加深腿部以外的褶皱

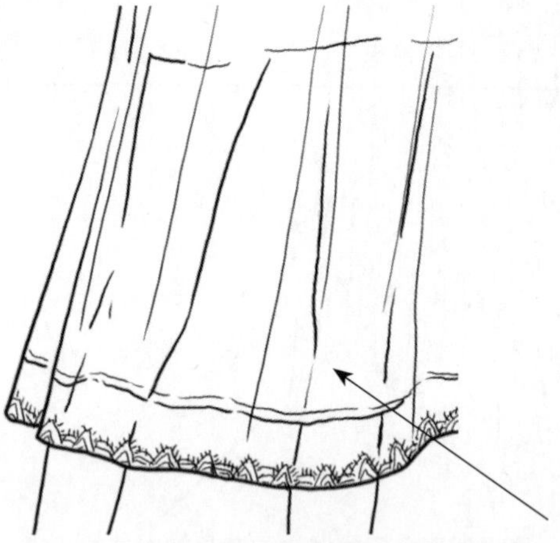

画浅色透明材质时，断断续续画出腿部

二、皮草的画法

滩羊毛的画法

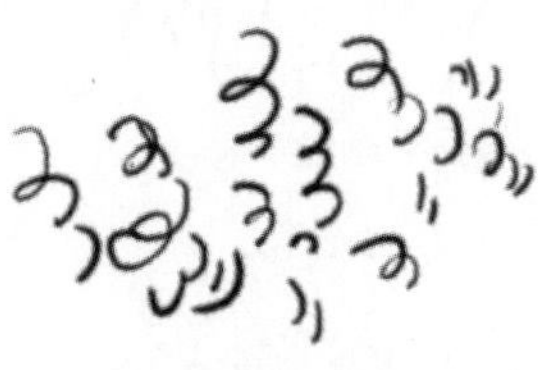

绵羊毛的画法

阴影处线条加密

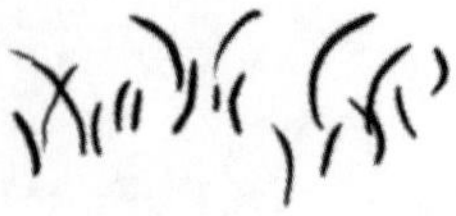

貉子毛飘逸

狐狸毛细密柔顺

阴影处线条加密

阴影处线条加密

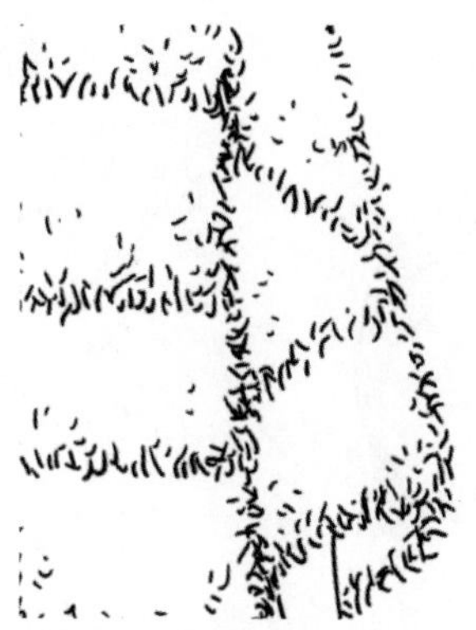

獭兔毛厚密且较粗

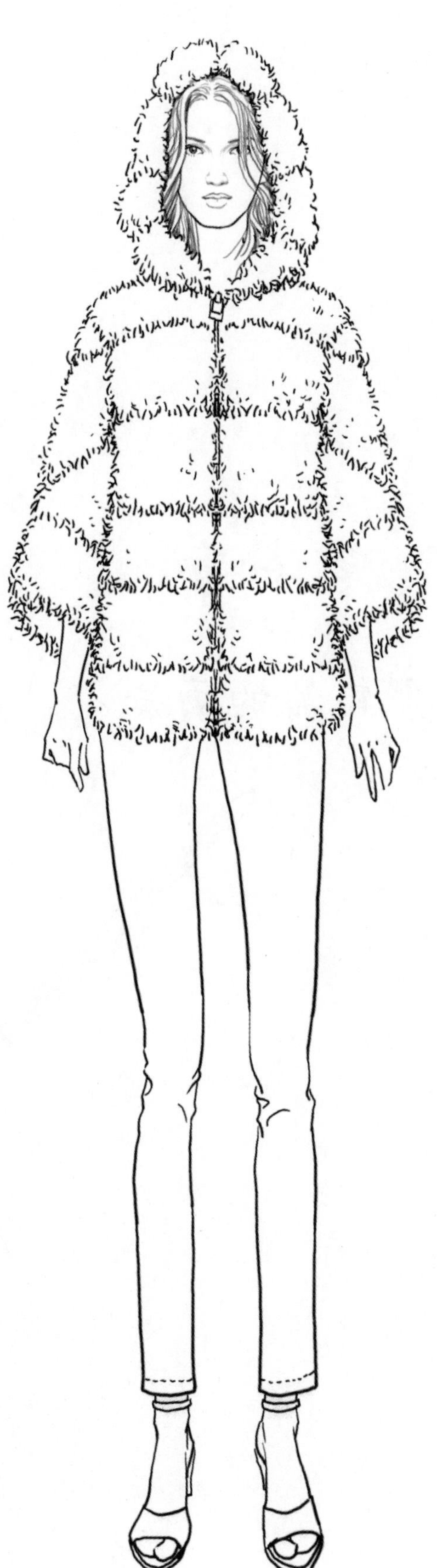

第七章

服饰品的画法

一、帽子的画法

头抬得越高，帽檐内侧部分要画得越多

头越向下低，帽檐外侧部分要画得越多

二、围巾的画法

流苏要左右摆动和叠压

三、包袋的画法

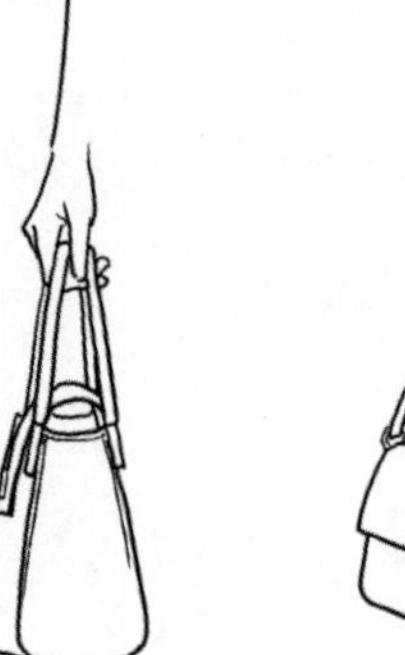

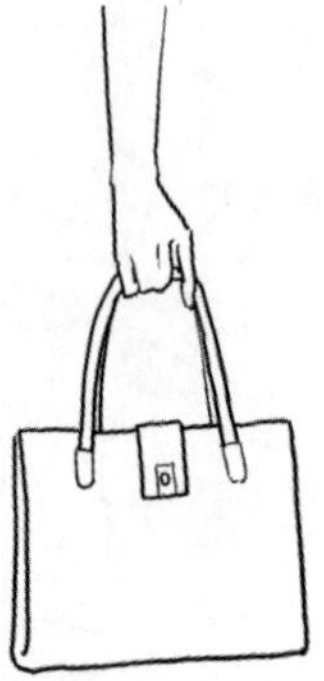

手背侧面时，包也侧面；手背正面时，包也正面